«SAGGI»

I libri di Margherita Hack

DOVE NASCONO LE STELLE
COSÌ PARLANO LE STELLE (con Eda Gjergo)

I libri di Viviano Domenici

I NODI SEGRETI DEGLI INCAS (con Davide Domenici)

MARGHERITA HACK
VIVIANO DOMENICI

NOTTE DI STELLE

Sperling & Kupfer

NOTTE DI STELLE

ISBN 978-88-200-4958-4
52-I-11

VI EDIZIONE

Indice

Introduzione

Le costellazioni, un abbaglio di successo

Tutte le sere, quando si apre il sipario della notte, nel cielo nero si accendono le stelle e inizia lo spettacolo che da millenni mette in scena storie in cui si muovono eroi dotati di superpoteri, mostri e ibridi da fantascienza, fanciulle più divine che terrestri: tutti impegnati in un repertorio d'amori e d'avventure ai confini della realtà.

Uno spettacolo che si replica senza interruzione da parecchie migliaia di anni, e che ha il solo torto d'esser finito anche sui libri di scuola dove spesso persino le cose più straordinarie diventano noiose. Eppure, come faceva notare il filosofo latino Seneca, se le stelle, anziché brillare continuamente sopra le nostre teste, fossero visibili solo da un particolare luogo del pianeta, tutti vorrebbero andarci per assistere allo spettacolo.

Ma, un po' per abitudine e un po' perché il cielo lo guardiamo sempre meno, lentamente ci siamo dimenticati non solo degli effetti speciali, ma persino degli attori che tutte le notti raccontano storie più avvincenti di qualsiasi favola. I nostri antenati, dopo aver creato gli straordinari protagonisti di quelle vicende celesti, li sistemarono in cielo e per non perderli di vista, confusi come sono tra infinite stelle, li «disegnarono» unendo i luminosi puntini nel cielo in modo che bastasse un'occhiata per ricordarsi le fatiche di Ercole, il pianto di Andromeda, le imprese di Perseo, gli amori di Giove (nel presente volume i nomi delle divinità greche sono stati sostituiti da quelli delle corrispondenti divinità romane). E, così facendo, inventarono le costellazioni e crearono un'immensa raccolta di storie, una più bella dell'altra.

Questo si dice e si scrive da sempre senza mai ammettere che, in realtà, in cielo si vede ben poco di tutto ciò. Per quanti sforzi di fantasia facciamo, è quasi impossibile riconoscere fra le stelle

Figura 1. Le costellazioni degli Egizi raffigurate su un soffitto del tempio della dea Hathor a Dendera (Alto Egitto). L'opera, nota come *Zodiaco* e datata tra l'80 a.C. e il 68 della nostra era, si trova ora al Museo del Louvre a Parigi.

qualcosa che ricordi Pegaso o il Capricorno, il Drago o la Balena, Orione o il Toro. Allora come si spiega quest'associazione tra quei gruppi di stelle e i nomi delle costellazioni? Non si spiega affatto. La ragione per cui parecchi millenni fa un uomo della Mesopotamia identificò con un leone quella che noi conosciamo come la costellazione del Leone ci sfugge completamente; l'unica cosa certa è che è estremamente difficile scorgere una somiglianza tra l'animale e la costellazione che porta quel nome. Guardare per credere.

Più probabilmente, l'uomo mesopotamico collocò tra quelle stelle, in quella zona di cielo, una vicenda mitica di cui era protagonista un leone, ma senza alcuna pretesa di somiglianza tra la fiera e le stelle; chi venne dopo di lui – Babilonesi, Greci, Romani – adottò l'immagine della costellazione ma, ignorando il mito originario, ne cercò uno nella propria mitologia in cui compariva l'animale adatto alla bisogna. Ecco perché, pur dando sovente lo stesso nome ad alcune costellazioni, ogni popolo racconta una storia diversa da quelle degli altri.

Altra cosa da chiarire è che, nella realtà astronomica, le costellazioni e le relative immagini formate dai gruppi di stelle non esistono: sono il risultato di un equivoco prospettico che porta a considerare come facenti parte di uno stesso gruppo stellare, quindi di un unico «disegno», corpi celesti che nella realtà sono spesso distanti molti anniluce gli uni dagli altri, ma casualmente brillano nella stessa zona di cielo; e la prospettiva completa l'inganno. Per esempio, nella costellazione del Cane Maggiore coabitano sia Sirio (Alpha Canis Maioris), la stella più brillante del nostro cielo boreale che si trova a soli 8,8 anniluce da noi, sia la stella Delta Canis Maioris che si trova a ben 1.960 anniluce.

Per chiarire come l'occhio umano si inventa queste false immagini, chiamate asterismi, si può ricordare la classica foto-souvenir del turista che a Pisa stende il braccio e, ponendosi nella giusta posizione, sembra sorreggere la Torre pendente con la mano: i due soggetti, la torre e la mano, pur così diversi e distanti

Figura 2. Divinità e segni astrali scolpiti su una pietra di confine (*kudurru*) rinvenuta a Susa (Iran). Al centro si vede l'Idra circondata da simboli di Sole, Luna, Venere, Pesce-Capra, Ariete e di alcune divinità (XIII-XII secolo a.C.).

tra loro, una volta sistemati sulla stessa traiettoria creano l'illusione di trovarsi alla stessa distanza di chi osserva, ossia di far parte della stessa scena. Il nostro occhio cade nel medesimo equivoco guardando le stelle nella volta celeste. E, data la nostra istintiva tendenza al riconoscimento di strutture, cioè a vedere immagini familiari anche dove non ci sono affatto – come nella forma delle nuvole o nelle macchie di umidità su un muro – in tutte le epoche gli uomini hanno visto tra le stelle quello che volevano, finendo per sovraffollare il cielo con sempre nuove costellazioni.

Per questo motivo, nel 1922, l'International Astronomical Union decise di mettere un po' d'ordine nel caos dei cieli stabilendo ufficialmente quali e quante erano le costellazioni che avevano diritto di rimanere in vita: alla fine ne furono salvate 88, tutte le altre si estinsero. Tra le sopravvissute ve ne sono 48 che erano state descritte nel II secolo d.C. dal grande astronomo greco Claudio Tolomeo il quale, nel suo *Almagesto*, raccolse le tradizioni astronomiche più diffuse tra i Greci e descrisse 1.025 stelle.

Nel 1930 lo stesso organismo internazionale incaricò il belga Eugène Delporte di completare l'opera demarcando i settori della volta celeste che spettavano a ciascuna costellazione. Il risultato di tale mappatura ufficiale, che l'astronomo belga pubblicò nel suo *Délimitation scientifique des costellations*, è un complesso reticolo formato da tratti rettilinei disposti ad angolo retto che crea un effetto simile a un gigantesco puzzle in cui ogni tessera contiene una costellazione e il suo «territorio» celeste. Da allora, gli astronomi chiamano costellazioni non i gruppi di stelle collegati ai nomi tradizionali, ma i rispettivi settori di cielo che le ospitano.

Le stelle più brillanti hanno in genere dei nomi propri, per lo più di origine araba. Sempre le stelle più brillanti sono indicate con lettere dell'alfabeto greco seguite dal genitivo del nome latino della costellazione, indicando con Alfa la stella più brillante della costellazione. Al crescere del numero di stelle osservabili con i telescopi, si è iniziato a catalogare le stelle e a dar loro un numero d'ordine preceduto da una sigla indicante il tipo di catalogo. Il più completo catalogo ancora in uso è l'HD, dalle iniziali di un mecenate – Henry Draper – che finanziò il lavoro, e le stelle sono ordinate per ascensione retta crescente (l'ascensione retta è l'analogo della longitudine terrestre, ed è misurata in ore, minuti e secondi). Per esempio Sirio ha il nome latino Sirius, poi Alfa Canis Maioris, abbreviato in Alfa CMa, o HD 48915; oppure Altair è Alfa Aquilae (Alfa Aql) o HD 187642.

I nomi delle costellazioni che usiamo noi – almeno di quelle visibili dall'emisfero boreale – sono per lo più derivati dalla mitologia greca. Le costellazioni visibili solo dall'emisfero australe hanno invece nomi che risentono dell'epoca delle esplorazioni geografiche dei secoli XVII e XVIII e portano nomi di strumenti per la navigazione, come Bussola, Compasso, Ottante, Telescopio, o parti di navi, come Vela, Carena, Poppa.

Figura 3. La grande pietra sacrificale nota come «Calendario azteco» o «Pietra del Sole» ha un diametro di m 3,54. Al centro c'è il Quinto Sole (4 Movimento); intorno sono raffigurati i nomi dei quattro Soli precedenti e i giorni del calendario.

Ma le costellazioni più note al grande pubblico sono certamente quelle dello Zodiaco. Con questo nome si indica una fascia immaginaria distesa lungo l'eclittica. L'eclittica è il piano dell'orbita della Terra attorno al Sole, e l'intersezione di questo piano con la volta celeste è un cerchio sul quale noi vediamo proiettato il Sole che sembra percorrerlo in un anno. In realtà siamo noi che descriviamo un giro completo in un anno, come intuì Aristarco di Samo, vissuto nel III secolo a.C., che anticipò Copernico di oltre diciotto secoli. Le costellazioni in questione sono Ariete, Toro, Gemelli, Cancro, Leone, Vergine, Bilancia, Scorpione, Sagittario, Capricorno, Acquario e Pesci. Quell'antica superstizione che influenza ancora oggi larghi strati della popolazione – l'astrologia – attribuisce grande importanza ai segni zodiacali e all'influenza che gli astri avrebbero sugli esseri umani. I segni zodiacali usati dagli astrologi più di 2.000 anni fa corrispondevano effettivamente alle costellazioni in cui si vedeva proiettato il Sole nel corso dell'anno. Ma, a causa della precessione degli equinozi, gli antichi segni non corrispondono più alle costellazioni. Per esempio il 21 marzo si vede il Sole proiettato in uno dei due punti in cui si intersecano il piano dell'equatore e quello dell'eclittica, detto punto di Ariete, perché si trovava nella costellazione d'Ariete, e invece oggi si trova nei Pesci. Ma ciò non sembra turbare i fedeli dell'astrologia che, infatti, continuano a credere agli oroscopi.

In questo volume abbiamo preso in considerazione venti settori di cielo, corrispondenti ad altrettante costellazioni, per descrivere gli oggetti celesti e i fenomeni astronomici che vi si osservano (Margherita Hack). Ognuno di questi capitoli è completato dai miti che da millenni «abitano» quegli spazi celesti, e dalle interpretazioni che gli antichi dettero di quello che vedevano in cielo (Viviano Domenici).

Gli Autori

Andromeda e Triangolo

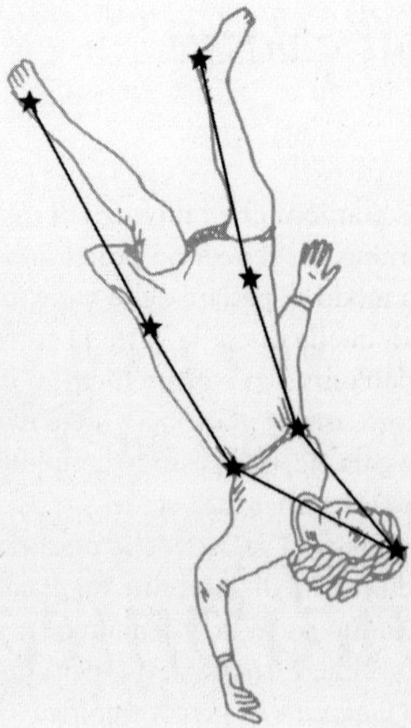

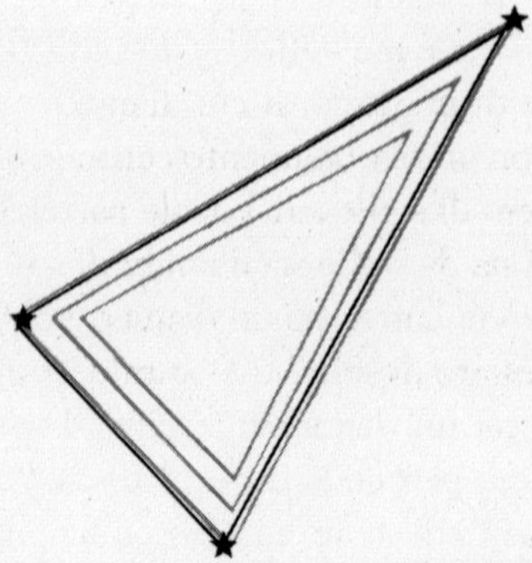

Due grandi galassie

Nelle due costellazioni che propongo di osservare per prime, Andromeda e Triangolo, si vedono proiettate due grandi galassie che ci danno modo di parlare delle varie famiglie di galassie e in particolare di quella di cui la Terra fa parte.

La struttura dell'universo è gerarchica; gli oggetti più piccoli – le stelle con i loro sistemi planetari – sono raggruppati in grandi famiglie, dette galassie, che possono contenere da qualche miliardo a più di 1.000 miliardi di stelle. Le galassie a loro volta fanno parte di ammassi di galassie, che possono consistere di alcune decine o addirittura di parecchie migliaia di membri, e anche gli ammassi fanno parte di superammassi.

La Via Lattea – che è anche detta, per antonomasia, la Galassia, in quanto *Galaxias*, in greco, significa «lattea» – fa parte di un piccolo ammasso chiamato Gruppo Locale, composto da altre due galassie grandi, quelle di Andromeda e del Triangolo, e da una trentina più piccole.

Andromeda, Triangolo e la Via Lattea sono galassie spirali, gli oggetti celesti forse più belli che un profano possa ammirare. Hanno la forma di un disco, il cui diametro è molto maggiore dello spessore, con un rigonfiamento centrale nel quale si addensa un gran numero di stelle e dal quale partono due o più bracci spirale, popolati sia da stelle sia da nubi di gas diffuso.

Il disco della Via Lattea ha un diametro di circa 100.000 anniluce e uno spessore di soli 2.000 anniluce, mentre il rigonfiamento centrale ha un diametro di circa 15.000 anniluce e di 6.000 in direzione perpendicolare al disco. Contiene qualche centinaio di miliardi di stelle, ed è circondato da un volume quasi sferico (l'alone galattico) popolato da circa 200 ammassi globulari. Questi ultimi sono famiglie di stelle di forma sferica, contenenti ciascuno parecchie migliaia di stelle, anche fino a un milione, strettamente addensate.

Sul disco abbondano la materia interstellare diffusa e le nubi di gas e polveri, invece l'alone ne è completamente privo. Le polveri sono minuscole particelle solide, di diametro inferiore al millesimo di millimetro, costituite da grafite, silicati e ghiaccio. Esse diffondono la luce delle stelle e ci nascondono quelle poste dietro le nubi, mentre irraggiano in tutte le direzioni la luce di quelle immerse nelle polveri. Le strisce scure che si allungano sulle braccia spirali, come pure le macchie luminose, sono dovute alle polveri. Il Sole si trova, sul disco, in posizione abbastanza periferica, a 27.000 anniluce dal centro galattico.

La galassia di Andromeda (*vedi* inserto, foto 1) è la più grande della famiglia locale. È molto simile alla Via Lattea e ci fa capire come vedremmo la nostra galassia se potessimo osservarla da fuori.

Delle grandi galassie spirali è la più vicina, a circa 2 milioni e 500.000 anniluce da noi, e con un cielo perfettamente buio, senza Luna e senza inquinamento luminoso, la potremmo osservare a occhio nudo come una debole macchia biancastra. È chiamata M31, cioè la numero 31 del catalogo Messier.

Charles Messier (1730-1817) era un astronomo francese che aveva compilato un catalogo di tutti gli oggetti celesti non puntiformi, cioè diversi dalle stelle, che ci appaiono sempre come puntini più o meno luminosi. Il catalogo elenca 110 oggetti – soprattutto quelli che oggi sappiamo essere galassie, nubi di gas interstellare, ammassi aperti –, che apparivano come deboli macchie biancastre di forma più o meno regolare.

L'altro nome della galassia di Andromeda è NGC 224, dove NGC significa *New General Catalogue*, un ampliamento del catalogo di Messier pubblicato nel 1888 dall'astronomo danese J.L.E. Dreyer (1852-1926) e da lui stesso completato con la pubblicazione, nel 1895 e nel 1908, di altri due volumi indicati con la sigla IC (*Index Catalogue*).

La costellazione di Andromeda è osservabile verso le 21 a ovest in marzo, a sud in giugno, a est in settembre e a nord in dicembre; quella del Triangolo è una piccola costellazione vicina a quella di Andromeda, un po' a ovest di quest'ultima.

La galassia di Andromeda la vediamo di tre quarti, mentre quella del Triangolo (chiamata anche M33 e NGC 598) la vediamo proprio di fronte (*vedi* inserto, foto 2). Si trova a 3 milioni di anniluce da noi.

Sebbene la Via Lattea, M31 e M33 siano tutte galassie spirali, appartengono a tre sottoclassi diverse, secondo la classificazione stabilita in base alle loro caratteristiche morfologiche dall'astronomo statunitense Edwin Hubble (1889-1953), alle quali corrispondono anche diverse caratteristiche fisiche. M31 è classificata Sab, la Via Lattea Sb e M33 Sc. Ciò significa che in M31 il rigonfiamento centrale è più importante e le braccia spirale meno aperte, mentre in M33 il rigonfiamento centrale è meno importante e le braccia molto aperte e sviluppate. La Via Lattea ha caratteristiche intermedie. Poiché nel rigonfiamento centrale si trovano stelle di più antica formazione, mentre nelle braccia si trovano le stelle più giovani e abbondante materia interstellare sia diffusa sia sotto forma di nubi (dove infatti si formano le nuove stelle), ne segue che la popolazione più vecchia è relativamente più abbondante in M31 che in M33.

M31, col suo disco di diametro pari a circa 190.000 anniluce, è una galassia gigante, seguita dalla Via Lattea con 130.000 anniluce, mentre M33 con 50.000 anniluce ha un valore tipico della maggioranza delle galassie spirali. Immaginando di poter osservare queste tre galassie dal di fuori, ponendole tutte alla stessa distanza da noi, ci accorgeremmo che M31 è anche la più luminosa, tre volte più della Via Lattea e 8 volte più di M33. Anche la massa di M31 è la più grande, equivalente a 700 miliardi di soli, il doppio della Via Lattea – 340 miliardi – e più di 20 volte di M33, pari a 30 miliardi di soli.

Tanto M31 che la Galassia hanno delle galassie satelliti. M31 ha due piccole galassie ellittiche, M32 (o NGC 221) e NGC 205, ciascuna con meno di 10 miliardi di stelle. Le satelliti della Galassia sono la Grande e la Piccola Nube di Magellano (*ve-*

di inserto, foto 3 e 4), di forma irregolare, prive di rigonfiamento centrale e massa rispettivamente pari a 20 miliardi e 1 miliardo di soli, e distanti rispettivamente 160.000 e 190.000 anniluce, e una terza, di forma sferoidale, nella costellazione del Sagittario, a soli 80.000 anniluce. Gli altri membri del Gruppo Locale sono una quarantina di piccole galassie di forma ellittica o irregolare.

Non sappiamo esattamente quali siano i confini del Gruppo Locale, ma si stima che il suo diametro sia inferiore a 4 milioni di anniluce. Il nostro Gruppo Locale è dunque una piccola famigliola di galassie, se la paragoniamo ai grandi ammassi come quello della Vergine o della Chioma di Berenice, che si estendono per alcune decine di milioni di anniluce e includono più di un migliaio di galassie. L'ammasso della Vergine, per inciso, è il più vicino a noi, a circa 55 milioni di anniluce, e il Gruppo Locale si trova nella sua periferia e appartiene al superammasso il cui nucleo centrale è proprio l'ammasso della Vergine.

L'importanza della galassia di Andromeda e delle altre galassie del Gruppo Locale consiste nella loro vicinanza, che ci consente di studiare le singole stelle e confrontare le loro proprietà con quelle della Via Lattea.

Un dato interessante si ottiene confrontando la massa totale del gruppo con la sua luminosità, un dato che si usa indicare con M/L, dove massa e luminosità sono espresse in unità della massa e luminosità del Sole. La massa totale stimata è pari a circa 1.500 miliardi di volte la massa del Sole, e la luminosità a circa 30 miliardi di volte quella del Sole, da cui M/L risulta uguale a 50. Per le singole stelle invece questo rapporto è intorno a 1, o inferiore a 1, eccetto per le deboli stelle rosse, che costituiscono la popolazione più numerosa delle galassie, in cui è circa 80.

Dunque nelle galassie dominano le stelle rosse e sono presenti anche grandi quantità di materia che contribuisce alla massa, ma non emette luce né nessun altro tipo di radiazione, e che è stata chiamata, per questa ragione, materia oscura.

Mentre tutte le galassie che non fanno parte del Gruppo Locale sembrano allontanarsi da noi, come conseguenza dell'espansione dell'universo, i membri del Gruppo sono legati dalla forza di gravità, che prevale sull'espansione, e orbitano attorno al baricentro del Gruppo. In particolare M31 sta muovendosi verso la Galassia a una velocità di circa 50 km/sec, e le due giganti del gruppo, fra parecchi miliardi di anni, potrebbero entrare in collisione o, più probabilmente, formare un sistema doppio, orbitando attorno al loro comune baricentro. L'attrazione reciproca provocherebbe effetti analoghi alle maree e, in tempi ancora più lunghi, le due galassie finirebbero per fondersi in un unico gigantesco sistema.

È evidente l'attrazione che M31 esercita sulle due ellittiche nane sue satelliti, che sono chiaramente distorte nella direzione di M31, come pure è evidente l'attrazione che la Via Lattea esercita sulle due Nubi di Magellano, in particolare la piccola, che è allungata come un sigaro verso di noi. Il terzo satellite della Via Lattea è stato scoperto solo nel 1994, perché si trova nella costellazione del Sagittario, nascosto alla nostra vista dall'ammasso di stelle e di nubi che popolano il centro della Galassia. È anche il più vicino, ad appena 80.000 anniluce, e il suo destino, così come quello delle Nubi di Magellano, sarà di entrare a far parte della Galassia fra qualche miliardo di anni.

IL MITO

Andromeda. La fanciulla, il mostro e l'eroe coraggioso

Un bel pezzo del cielo boreale è occupato da quattro costellazioni dedicate ad altrettanti personaggi mitologici, tutti implicati nella stessa storia: quella di Andromeda, la bella figlia di Cefeo, re dell'Etiopia, e di sua moglie Cassiopea, la cui vanità dette origine a una serie di guai risolti all'ultimo minuto dall'eroe Perseo.

Ecco come sarebbero andate le cose. Un giorno la regina Cassiopea, che passava il tempo a guardarsi allo specchio e accarezzarsi le chiome, si vantò d'essere più bella delle stesse Nereidi, una cinquantina di ninfe marine note per la loro avvenenza, tra le quali figuravano la moglie del dio degli oceani, Nettuno, e la celebre Teti, madre di Achille.

Immortali e bellissime, ma anche molto suscettibili, le ninfe chiesero a Nettuno di punire in modo esemplare la presuntuosa regina. E lui acconsentì, prima scatenando una spaventosa mareggiata che devastò le coste del regno di Cefeo, quindi mandando il mostro marino Ceto (Balena) a seminare morte e distruzione tra le popolazioni rivierasche. Re Cefeo, disperato e senza sapere cosa fare per liberarsi del flagello, si rivolse all'oracolo di Ammone per chiedere consiglio. La risposta fu

Figura 4. La bella Andromeda, figlia di Cassiopea e di Cefeo, era destinata a essere divorata da un mostro marino; ma Perseo uccise il mostro.

chiara e terribile: l'unica possibilità del re era offrire la sua giovane figlia Andromeda in sacrificio al mostro. Solo in questo modo l'ira delle Nereidi e di Nettuno si sarebbe placata.

Disperato, ma propenso a salvare il regno piuttosto che la figlia, il re dette ordine che la sventurata Andromeda fosse portata sulla scogliera e incatenata nuda alle rocce vicino all'acqua, in modo che il mostro marino potesse vederla anche da lontano. Infatti Ceto non si fece aspettare troppo. Emerse al largo annunciato da sbuffi e spruzzi, proprio come una balena, e si diresse verso la poverina.

Ma in quell'istante, mentre la ragazza aspettava l'assalto, sfrecciava nel cielo l'eroe Perseo provvisto dei sandali alati prestatigli da Mercurio. Stava tornando a casa dopo l'epico scontro con la Medusa, di cui portava nella bisaccia la testa tagliata, e mancò poco che l'eroe non si accorgesse di quello che stava accadendo sulla scogliera perché la giovane, impietrita dal terrore, era talmente immobile che pareva una statua.

Figura 5. Dopo aver tagliato la testa alla terribile Medusa, l'eroe Perseo salvò Andromeda da morte sicura, sconfisse un altro pretendente e la sposò.

Per fortuna un venticello provvidenziale le mosse i capelli, così Perseo la notò e andò da lei in picchiata per domandarle chi era e perché si trovasse in quell'orribile condizione. Andromeda, pur spaventata dal mostro che si avvicinava sempre più, raccontò tutto all'eroe che, rapito dal dramma e abbagliato dalla bellezza della fanciulla, decise in un istante di salvarla e prenderla in moglie.

Con incredibile padronanza della situazione e rispettoso delle regole, Perseo si concesse il tempo per chiedere la mano della ragazza ai due genitori i quali, appostati a debita distanza, già si preparavano a vedere la figlia sbranata da Ceto, ormai arrivato in prossimità della scogliera. Sulle prime, i genitori rimasero indecisi, poi accordarono il consenso, aggiungendo un regno come dote per la figlia. Incassato l'accordo, Perseo s'impennò in aria per ripiombare come un fulmine su Ceto e trafiggerlo a morte con la spada.

Andromeda, salva e felice, fu riportata alla reggia, dove iniziarono i preparativi per le nozze e tutti sembravano soddisfatti. Tutti meno uno, Fineo, un fratello del re a cui molto tempo prima era stata promessa Andromeda. Deciso a far rispettare i patti, Fineo raccolse i suoi fedelissimi e attaccò Perseo proprio durante il banchetto nuziale; l'eroe si difese come poté uccidendo molti degli assalitori ma, quando capì che stava per essere sopraffatto, tirò fuori dalla bisaccia la testa di Medusa e trasformò Fineo e i suoi accoliti in statue di pietra; quindi si rimise i magici calzari alati di Mercurio e, presa Andromeda tra le braccia, volò via per raggiungere il regno promesso dal suocero.

Le cose, però, non andarono come sperava e, dopo una serie di sventure, decise di rinunciare al trono e dedicarsi ad altre epiche imprese. Andromeda, da parte sua, interpretò al meglio il ruolo della moglie regalando all'eroe sei figli tra cui Perses, capostipite dei Persiani.

Secondo la tradizione il regno di Cefeo corrispondeva a un territorio situato tra la Palestina e il Mar Rosso, e la scogliera su cui Andromeda fu incatenata si trovava a Joppa, dove oggi sorge Tel Aviv.

Molti specialisti di mitologia sono convinti che il mito di

Perseo e Andromeda abbia ispirato la leggenda cristiana di san Giorgio e il drago, con il santo che uccide il mostro per liberare una fanciulla tenuta prigioniera, come un protagonista dei poemi cavallereschi e di tante favole a lieto fine arrivate fin quasi ai nostri giorni.

IL MITO

Triangolo. Tre stelle con antica funzione segnaletica

Nonostante la sua forma così essenziale e scarna, apparentemente adatta alle costellazioni create in epoca moderna, quella del Triangolo viene da lontano. Come sempre ci sono al riguar-

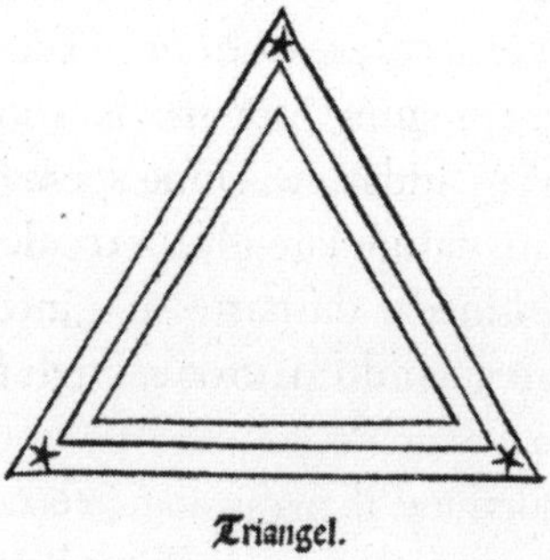

Figura 6. La costellazione del Triangolo sembra originata da tradizioni marinare, probabilmente suggerite dalla forma della Sicilia o del delta del Nilo.

Figura 7. Secondo il mitografo Igino, il Triangolo fu sistemato in cielo affinché Mercurio potesse individuare la costellazione dell'Ariete.

do differenti tradizioni. Secondo i Greci era stata sistemata in cielo da Giove per ricordare la forma triangolare della Sicilia ai marinai che incrociavano nel Mediterraneo e la conoscevano come la «Terra dei tre capi», oggi noti come Capo Passero, Pachino e Lilibeo. Questa interpretazione è condivisa nientemeno che da Omero, Eratostene e altri illustri Greci che, comunque, accoglievano anche un'altra tradizione mediterranea, ugualmente diffusa tra la gente di mare, che vedeva nel Triangolo l'immagine del delta del Nilo.

Entrambe queste versioni paiono venire dalle profondità del tempo, e in epoca classica nessuno sapeva più che cosa si nascondesse dietro quell'immagine geometrica. Per questo troviamo spiegazioni che non spiegano nulla, come quella del mitografo latino Igino l'Astronomo, che propose una lettura davvero singolare. Secondo lui il Triangolo era stato sistemato in quel punto del cielo da Mercurio solo per poter individuare a colpo d'occhio la costellazione dell'Ariete, che è vicina al Triangolo, ma è poco luminosa e quindi scarsamente visibile. Insomma, per Igino il Triangolo avrebbe avuto una funzione segnaletica, che evidentemente ha attraversato i millenni.

Nello Zodiaco, nel tempio egizio di Dendera, che risale all'epoca imperiale romana ma raffigura una situazione astronomica relativa al 2500 a.C., la costellazione del Triangolo è rappresentata dall'occhio del dio Horus, l'*udjat*. Secondo un antico mito, durante una terribile lotta tra Horus e Seth quest'ultimo strappò un occhio a Horus che però lo ritrovò, lo curò e se lo rimise a posto. Da allora, la riproduzione dell'occhio «che è in buona salute» divenne un potente amuleto con funzioni apotropaiche, simili a quelle che aveva l'occhio dipinto sulle prue delle antiche navi greche. In epoca cristiana, invece, il Triangolo indicò la Trinità e con l'occhio dipinto al suo centro divenne il simbolo stesso di Dio.

Nel 1687, con una decisione incomprensibile, l'astronomo polacco Johannes Hevelius utilizzò alcune stelle della costellazione del Triangolo per formarne un'altra, quella del Triangolo Minore, che si sovrappone in parte a quello Maggiore. Nessun collegamento, invece, col Triangolo australe introdotto nel XVI secolo da navigatori olandesi.

LA STORIA

L'uomo preistorico alzò gli occhi al cielo

Quando le sonde spaziali cominciarono a volare tra satelliti e pianeti, perdemmo l'abitudine di guardare il cielo e rapidamente dimenticammo il linguaggio delle stelle; tra i due fatti non c'era alcun collegamento diretto, ma si verificarono più o meno negli stessi anni. A questa moderna cecità sfuggirono solo astrofili, astronomi e altri rari specialisti che il cielo lo guardano per professione; ben pochi tra i non addetti ai lavori sono oggi in grado di riconoscere una certa stella o una costellazione, cosa che era invece sapere comune solo due o tre generazioni fa, quando il cielo non era schermato dalla cappa di inquinamento o sbiadito dalle luci delle città e, soprattutto, rappresentava una preziosa fonte di informazioni per una quantità di esigenze diverse.

Guardando indietro nei millenni James Cornell, divulgatore scientifico e autore di un saggio sulle origini dell'astronomia, ha scritto: «Nelle società primitive il cielo era una carta geografica, un calendario, un orologio e altro ancora, forse più di quanto gli uomini moderni potranno mai concepire. Il cielo era al tempo stesso una parte integrante della vita quotidiana, la presenza di un potere soprannaturale».

Astronomi a parte, infatti, nelle epoche passate la conoscenza del cielo era molto più diffusa di oggi e per rendersene conto basta ricordare come i nostri nonni, a torto o a ragione, guardavano la volta stellata per sapere se era il momento della semina o quello di imbottigliare il vino. Proprio per questa perdita di conoscenza collettiva, ci stupiamo quando scopriamo che un contadino babilonese, egiziano o maya conosceva le stelle più di quanto le conoscano un impiegato di banca o un tecnico informatico dei giorni nostri.

Tale atteggiamento poggia principalmente su due pregiudizi: il convincimento che l'uomo moderno sia sul gradino più alto del sapere, e la difficoltà a riconoscere le nostre stesse caratteristiche cerebrali in chi ci ha preceduto nel tempo; dimenticando quindi che la specie *Homo sapiens* è uguale a se stessa da almeno 40.000 anni. Questa errata impostazione, conseguenza della sostanziale sfiducia nelle capacità dell'uomo, induce molti a spiegare le costruzioni e gli strumenti realizzati dai nostri avi più an-

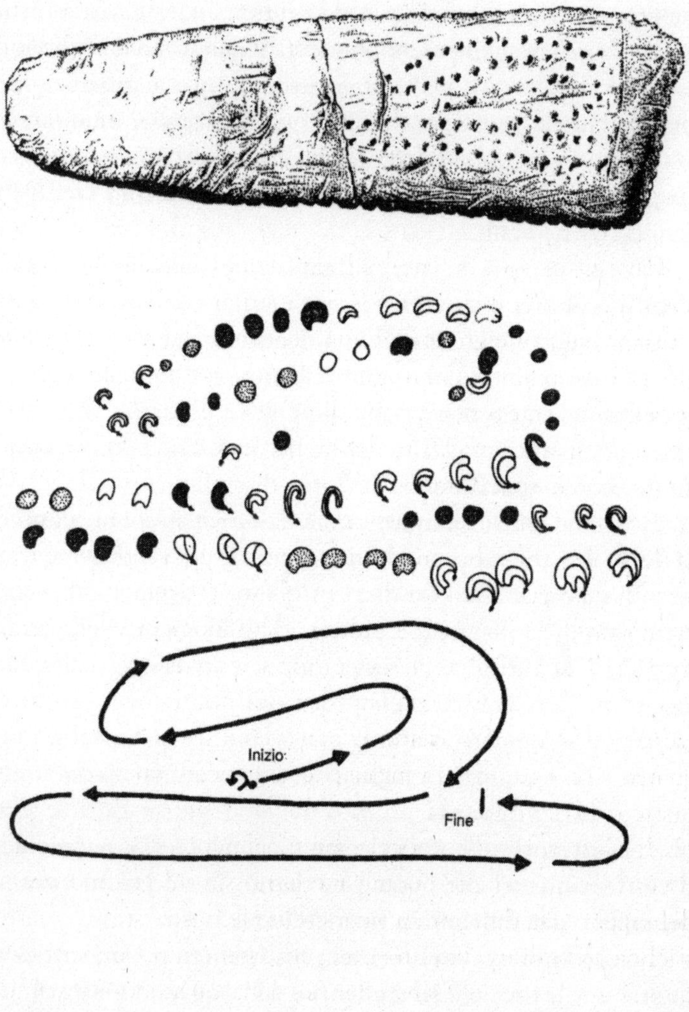

Figura 8. Placca d'osso rinvenuta in Francia e risalente a circa 30.000 anni fa. Alexander Marshack, noto studioso di preistoria, ha ipotizzato che la serie di tacche che formano una sorta di S rappresentino le fasi lunari.

tichi chiamando in causa ignote civiltà superiori o improbabili extraterrestri. Una soluzione, questa, propinata a piene mani da varie trasmissioni televisive che in tal modo allevano spettatori pronti a interpretare qualsiasi cosa con la bacchetta magica e a far proprie teorie che chiariscono tutto e niente senza alcuno sforzo. È un fenomeno meno innocuo di quanto sembri, e due sono le scienze che più di altre sono utilizzate per manipolare la realtà: l'archeologia e l'astronomia che, adeguatamente mescolate e stravolte, vengono somministrate come una pozione magica a un pubblico desideroso solo di sentirsi confermare i suoi fantasiosi convincimenti.

Che gli uomini della preistoria osservassero il cielo con intenti speculativi e ne registrassero i fenomeni è un fatto ormai accertato e documentato da una quantità di testimonianze che gli archeoastronomi hanno individuato e studiato un po' in tutti i continenti, tra non poche difficoltà e contrasti. Alcuni dovuti allo scetticismo di molti archeologi, che non vedono di buon occhio specialisti di un'altra disciplina invadere il loro campo d'indagine; altri provocati dall'eccessivo entusiasmo di certi neofiti che scoprono allineamenti stellari e riferimenti celesti in qualsiasi cosa guardino. A questo si aggiunga il pressappochismo di tanta stampa pronta ad annunciare l'«eccezionale scoperta» di turno o, al contrario, a cavalcare la «clamorosa smentita» con presunti scoop derivati direttamente dall'ignoranza dell'argomento trattato.

Un caso esemplare in questo senso si verificò alcuni anni fa quando Brian Edwards, un giovane studente di Bristol, scrisse una tesi di storia che aveva come soggetto i restauri cui era stato sottoposto nel corso del Novecento il celebre monumento megalitico di Stonehenge, in Inghilterra.

Questa struttura preistorica fu realizzata in tre fasi successive: la prima agli inizi del III millennio a.C., quando furono scavati un grande fossato circolare e cinquantasei buche disposte in cerchio entro le quali furono interrati resti umani cremati; durante la seconda fase, alla fine del III millennio, fu eretto un doppio cerchio di «pietre blu»; la terza e ultima fase terminò attorno al 1500 a.C. e vide la definitiva sistemazione dell'impianto, con la realizzazione del grande cerchio di monoliti e triliti centrali.

Nel corso della sua ricerca, Brian ripercorse le tappe dei diversi interventi di restauro messi in atto a partire dall'Ottocento, soffermandosi su quelli realizzati nel 1901, anno in cui furono scattate alcune foto storiche che lo studente inserì nella tesi. Altri interventi di restauro furono effettuati nel 1919 (sei grandi pietre sollevate e riposizionate verticalmente), nel 1958 (un architrave risistemato su un trilito), nel 1959 (sollevati altri tre monoliti) e nel 1964 (spostate quattro pietre del circolo neolitico).

Le notizie di questi lavori, e relative foto, sono sempre state di pubblico dominio e sono apparse ripetutamente anche su testi divulgativi (un esempio di casa nostra: *Le meraviglie del passato*, pubblicato da Mondadori in più edizioni, nel 1928, 1954, 1955, 1956), ma la «notizia» che la celebre struttura avesse subìto dei restauri risultò del tutto nuova ai cronisti in cerca di scoop, e molti giornali finirono per affermare che Stonehenge non era affatto un monumento antico di migliaia di anni, realizzato seguendo diversi orientamenti astronomici, ma una manipolazione degli archeologi del XX secolo che, nel frattempo, avevano fatto di tutto per nascondere gli interventi di restauro.

Che in realtà Stonehenge fosse stato realizzato sulla base di particolari orientamenti celesti lo si era intuito già nel Settecento e, nel 1901, pur confermando l'impostazione astronomica della costruzione, dissestata dal tempo, gli archeologi britannici si posero il problema di quali elementi strutturali prendere in considerazione per determinare eventuali allineamenti stellari.

Nei decenni successivi l'ipotesi astronomica perdette credito ma, nel 1963, Gerald Hawkins, un astronomo americano dello Smithsonian Astrophysical Observatory, a Cambridge, la riportò in primo piano annunciando, con un articolo sulla rivista scientifica *Nature*, che Stonehenge poteva essere stato concepi-

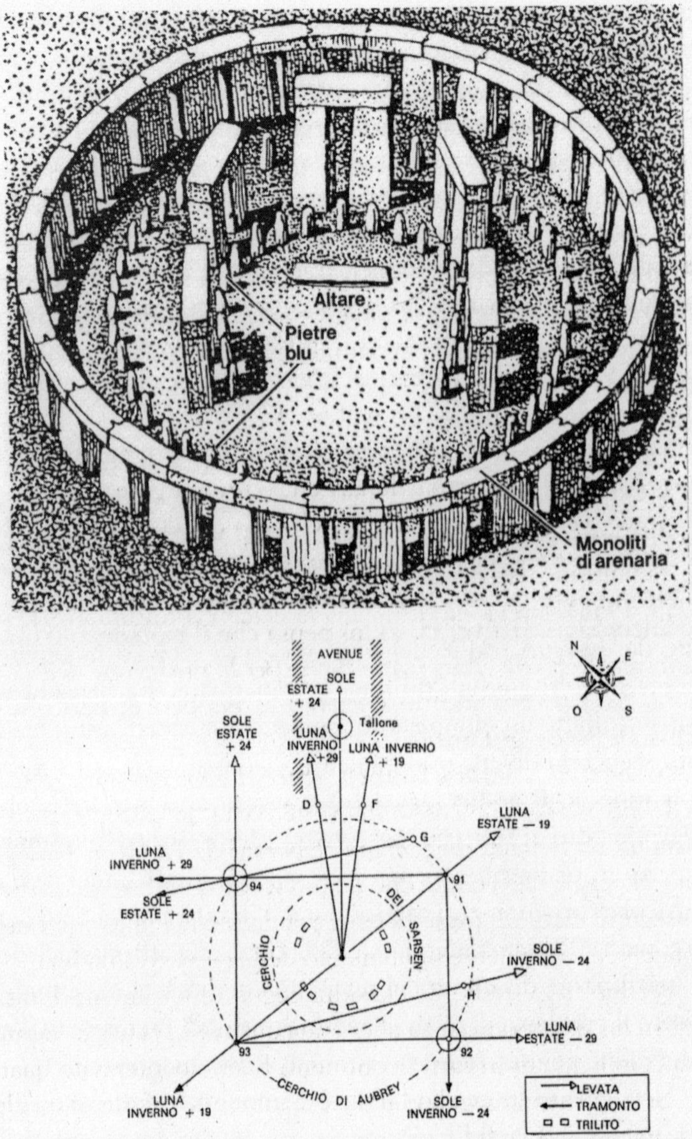

Figura 9. Ricostruzione della parte centrale di Stonehenge e schema dei diversi allineamenti riscontrabili tra la posizione delle pietre e i movimenti del Sole e della Luna: l'orientamento astronomico del monumento appare evidente.

to dai suoi costruttori preistorici proprio come un osservatorio astronomico.

La comunicazione, consegnata alla stampa da James Cornell, che in quegli anni si occupava del servizio informazioni dello Smithsonian, raccontava che «usando solo un minuto di tempo di un calcolatore preso a prestito, il dottor Gerald Hawkins potrebbe aver trovato una soluzione a un mistero vecchio di 4.000 anni, quello di Stonehenge. Con il 1500 a.C. come data probabile, Hawkins affidò a un calcolatore IBM 7090 il compito di cercare correlazioni fra le direzioni della levata e del tramonto del Sole e della Luna all'inizio dell'estate e all'inizio dell'inverno. [...] I risultati presentano 10 correlazioni ben precise con direzioni solari entro un margine di errore di un grado e 14 correlazioni con direzioni lunari entro un margine di errore di un grado e mezzo. La probabilità che tali correlazioni siano puramente casuali è pressapoco di una su un milione. [...] Benché le ragioni antropologiche per la costruzione di Stonehenge siano ancora speculative, Hawkins pensa che il monumento poteva formare un calendario attendibile per la predizione delle stagioni. Esso poteva inoltre segnalare il periodo di pericolo di eclissi di Sole e di Luna».

In sostanza, concluse Cornell, «Stonehenge era stata costruita deliberatamente e coscientemente come un osservatorio». E basta un'occhiata al diagramma elaborato da Hawkins (*vedi* Figura 9) per rendersi conto che il falso scoop delle foto dei restauri «segreti» non è certo sufficiente per demolire l'impianto astronomico del più celebre monumento della preistoria inglese.

Per molti lo studio di Hawkins segna ufficialmente l'inizio dell'archeoastronomia e da allora una quantità di antichi monumenti individuati in tutti i continenti hanno confermato quanto i nostri antenati regolassero la loro vita sulle informazioni che ricavavano dall'osservazione degli astri.

Di fatto i nostri antenati cominciarono a guardare il cielo ben prima che sorgesse Stonehenge e questo è ormai un dato comunemente accettato. Non tutti accettano invece le conclusioni di Alexander Marshack del Peabody Museum della Harvard University, negli Stati Uniti, che all'inizio degli anni Sessanta mise a rumore l'ambiente degli studiosi di preistoria adottando un nuovo metodo di indagine. Eppure, nonostante le polemiche, Marshack può essere considerato un pioniere dell'archeoastronomia e certamente un innovatore per il suo approccio nell'esame dei manufatti preistorici.

Il più noto dei reperti da lui esaminati e interpretati è una placchetta di corno di cervo (*vedi* Figura 8) scoperta a Blanchard, in Francia, e risalente a circa 30.000 anni fa, che il ricercatore americano interpretò come una rappresentazione delle fasi lunari. Marshack arrivò a questa ipotesi quando, esaminando l'oggetto al microscopio, notò che la serie di tacche disposte a formare una linea serpeggiante, considerata fino ad allora una semplice decorazione, presentava caratteristiche tali da far pensare che le sessantanove tacche non fossero state incise in una o due sedute da qualcuno che impugnava lo stesso utensile ma, piuttosto, con interventi distribuiti in un lasso di tempo molto più lungo e impiegando un utensile di volta in volta diverso. Questa osservazione, e il fatto che segni con le stesse caratteristiche formassero dei gruppi numericamente significativi, portarono lo studioso a formulare la sorprendente ipotesi che si trattasse di una sistematica notazione in ordine progressivo delle fasi lunari.

Secondo questa ipotesi l'antico osservatore aveva iniziato a incidere un segno, vicino al centro, che corrisponderebbe alla notte che precede la Luna nuova, e proseguito ogni notte con un segno successivo, componendo così un calendario lunare scandito dalle fasi crescenti e calanti. Sempre secondo Marshack, l'andamento sinuoso dell'insieme potrebbe indicare il cambiamento di posizione della comparsa della Luna nella successione delle notti.

L'ipotesi di Marshack non trovò generale consenso nel mondo scientifico, ma contribuì di fatto ad aprire nuove prospettive di indagine nell'ambito dell'archeoastronomia. Negli ultimi decenni i ricercatori hanno accumulato una serie di scoperte e di ipotesi che stanno finalmente riempiendo l'apparente vuoto di conoscenze astronomiche delle società preletterate; stanno cioè ritrovando le tappe del lungo e lento sviluppo delle abilità cognitive umane che prepararono la fioritura delle grandi civiltà dell'Egitto e della Mesopotamia, per troppo tempo ritenuta improvvisa.

Aquila e Cefeo

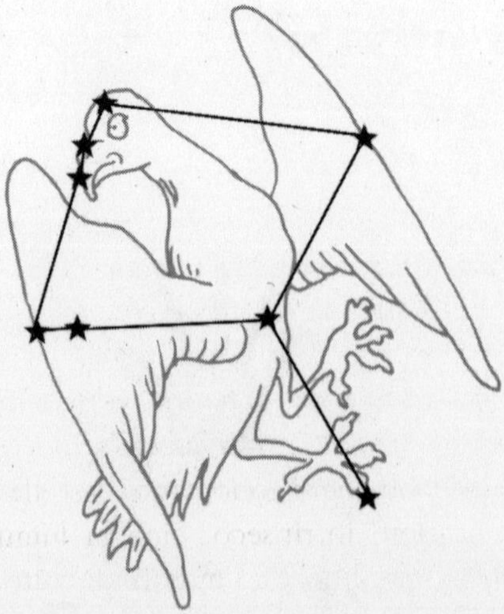

Le stelle variabili

Aquila è una costellazione estiva, raggiunge la massima altezza sull'orizzonte a mezzanotte a metà luglio, e contiene una delle stelle più brillanti del cielo boreale, Altair o Alfa Aquilae, che assieme a Deneb o Alfa Cygni e Vega o Alfa Lyrae (che d'estate vediamo quasi sopra la nostra testa, allo zenit) formano uno splendente triangolo. Alla costellazione appartiene una delle stelle più deboli che si conoscano, la stella di Van Biesbroeck, il cui splendore intrinseco, cioè la luminosità assoluta, espressa dalla magnitudine, è 25 milioni di volte minore di quello di Altair.

La costellazione contiene anche alcune nebulose planetarie e ammassi aperti, ma per me Aquila riveste un'importanza particolare, del tutto personale: la mia tesi di laurea, che è stata anche la mia prima pubblicazione scientifica, consisteva nello studio di FF Aquilae, una variabile cefeide abbastanza brillante da poterne studiare lo spettro col modesto telescopio newtoniano di 30 centimetri situato sulla Terrazza dell'Osservatorio di Arcetri. Le cefeidi, che prendono il nome dalla prima stella che è stata scoperta di questa classe di variabili, Delta Cephei, sono particolarmente importanti perché sono servite a determinare le distanze dalla Terra degli ammassi stellari e delle galassie di cui fanno parte.

Veniamo a Cefeo, che è una costellazione boreale compresa fra l'Orsa Minore, il Cigno, Dragone e Cassiopea. Non è molto appariscente, e la sua fama è dovuta soprattutto a Delta Cephei. In essa è visibile anche uno dei più vecchi ammassi aperti della Via Lattea, NGC 188, che ha un'età di almeno 12 miliardi di anni. Degli ammassi aperti parleremo ancora; ora vediamo che cosa sono le stelle variabili e in particolare le cefeidi.

La maggioranza delle stelle brilla di luminosità costante per milioni o miliardi di anni. Alcune stelle, invece, quelle molto giovani, ancora in fase di formazione, o quelle più vecchie, che hanno esaurito il loro più abbondante combustibile nucleare – l'idrogeno – e si avviano a quella che anche per loro è «la terza età», presentano variazioni luminose a volte del tutto irregolari e imprevedibili, a volte abbastanza regolari, a volte perfettamente regolari. Questo avviene perché i meccanismi che producono la variabilità sono diversi nelle varie fasi della vita di una stella e dipendono anche dalla sua massa e possono essere dunque molto differenti per stelle di piccola massa come il Sole e stelle di massa 10 o più volte quella del Sole.

Le cefeidi hanno la particolarità che il loro periodo di variazione (ovvero l'intervallo fra due successivi ritorni al massimo di splendore) è rigorosamente costante e tanto più lungo quanto maggiore è lo splendore medio della stella.

La relazione fra periodo e luminosità fu scoperta all'inizio del 1900 dall'astronoma statunitense Henrietta Swan Leavitt (1868-1921), che studiò le variabili cefeidi appartenenti alle Nubi di Magellano. Poiché le dimensioni delle Nubi sono trascurabili rispetto alla loro distanza da noi, le stelle che ne fanno parte possono essere considerate tutte alla stessa distanza; possiamo quindi dire che il loro splendore intrinseco differisce di una costante dallo splendore apparente (valore che dipende dalla distanza della stella). Basterà quindi riuscire a determinare la distanza di una cefeide per trovare il valore della costante. Questo è stato ottenuto, utilizzando metodi statistici, per le cefeidi relativamente vicine della nostra Via Lattea.

In tal modo si stabilisce una relazione fra lo splendore assoluto e il periodo. Il periodo di variabilità, che è compreso fra circa 1 giorno e 50 giorni, è facilmente misurabile studiando le variazioni dello splendore apparente. Noto lo splendore apparente e quello assoluto, è facile risalire alla distanza della singola stella, che è anche quella del sistema – ammasso o galassia – di cui fa parte.

Ciò che allora non si sapeva, è che esistono due classi di cefeidi, quelle che popolano le braccia spirali e quelle che invece si trovano nell'alone e negli ammassi globulari. A parità di periodo, le prime sono più luminose di circa tre magnitudini. Questa ignoranza ha fatto sì che per molti anni è stata sottostimata la distanza delle galassie. Infatti le prime misure di distanza della galassia di Andromeda calcolate da Edwin Hubble erano ottenute applicando la relazione periodo-luminosità valida per le cefeidi dell'alone alle stelle più luminose presenti nelle braccia, sottostimando quindi lo splendore assoluto di queste ultime. Di conseguenza, anche la loro distanza e quella della galassia che le conteneva risultava sottostimata e pari a circa 1 milione di anniluce. Quando l'astronomo tedesco Walter Baade, all'inizio degli anni Quaranta, si rese conto dell'errore e applicò la giusta relazione periodo-luminosità, la corretta distanza della galassia di Andromeda risultò di circa 2,5 milioni di anniluce.

Tutte le distanze delle galassie abbastanza vicine da potervi individuare le singole cefeidi andavano più che raddoppiate. Poiché la relazione fra distanza e velocità di allontanamento, conseguenza dell'espansione dell'universo, era basata su queste misure della distanza, e da qui si deduceva il tempo trascorso dall'inizio dell'espansione, cioè l'età dell'universo osservabile, anche l'età veniva più che raddoppiata. Risultato accolto con gran sollievo. Infatti le prime misure di Hubble stabilivano per l'universo un'età di soli 5 miliardi di anni, troppo vicina all'età della Terra, fissata, secondo le misure del carbonio radioattivo, in 4,6 miliardi di anni.

Tornando alla mia cefeide, FF Aquilae, dovevo osservarla ripetutamente in modo da coprire più volte i 5 giorni del suo periodo di variazione. Le osservazioni consistevano nel prendere lo spettro della stella, ottenuto col sistema del «prisma obiettivo». Il mio strumento era un telescopio newtoniano formato da uno specchio parabolico di 30 centimetri di diametro. Il fascio di raggi paralleli provenienti dalla stella, che si può considerare a distanza infinita, riflesso dallo specchio, avrebbe formato un'immagine puntiforme della stella nel fuoco del paraboloide. Ma l'osservatore che avesse voluto studiarla avrebbe intercettato il fascio col suo corpo. Perciò poco prima del fuoco era posizionato uno specchietto piano, inclinato di 45 gradi rispetto all'asse dello specchio parabolico, che deviava il fascio fuori del tubo del telescopio e permetteva di ottenere sia l'osservazione diretta sia l'immagine fotografica del campo stellare. Per ottenere gli spettri di tutte le stelle presenti nel campo, invece dell'immagine puntiforme in luce bianca, si disponeva un prisma di vetro, di diametro eguale a quello dello specchio parabolico, davanti al tubo del telescopio. Passando attraverso il prisma, tutti i fasci di raggi paralleli provenienti dalle stelle presenti nel campo venivano scomposti in tanti fasci di luce monocromatica dal rosso al violetto, e sul piano focale dove veniva posta la lastra fotografica si formavano le immagini degli spettri stellari: tante strisciololine per ogni stella in campo. Ogni strisciolina è la successione delle immagini monocromatiche della stella.

Io dovevo studiare le variazioni dello spettro di FF Aquilae da una notte all'altra, durante tutto il periodo. Le variazioni consistevano in una variazione dell'intensità relativa dell'estremità rossa rispetto a quella violetta, che è una misura della distribuzione dell'energia irraggiata alle varie lunghezze d'onda, strettamente legata alla temperatura superficiale dell'astro, e una misura dell'intensità delle righe spettrali e delle loro variazioni nelle varie fasi del periodo di variabilità.

Le righe spettrali sono sottili regioni dello spettro in cui l'intensità dell'energia emessa è molto minore che nelle regioni immediatamente adiacenti lo spettro continuo. Sono causate dagli atomi presenti negli strati superficiali e si chiamano «righe di assorbimento». Alle lunghezze d'onda caratteristiche di ciascun atomo l'atmosfera stellare è molto più opaca che nel continuo. Perciò il continuo è formato dal contributo dell'emissione di strati più profondi e più caldi, mentre in corrispondenza delle righe, a causa della maggiore opacità dell'atmosfera, si ha solo il contributo degli strati superficiali, meno caldi. Le righe più visibili in quelle striscioline che potevo ottenere con il prisma obiettivo erano quelle dell'idrogeno e quelle del calcio ionizzato (atomi di calcio che a quelle temperature avevano perso uno degli elettroni meno legati al nucleo). Le prime aumentavano di intensità al salire della temperatura, mentre le seconde avevano andamento opposto. Studiare queste variazioni nel corso del periodo mi forniva un altro metodo per determinare le variazioni di temperatura, e quindi delle condizioni fisiche della cefeide al massimo e al minimo di luce. Confrontando poi l'intensità dello spettro a varie lunghezze d'onda con quello delle altre stelle non variabili (dette stelle di confronto) presenti in campo, potevo ricostruire le variazioni luminose della cefeide nei vari colori.

Naturalmente per svolgere tutte queste operazioni era necessario un apprendistato di qualche giorno per imparare a usare il telescopio senza fare danni, a caricare le lastre fotografiche negli appositi contenitori, ad azzeccare il giusto tempo di esposizione, per non avere lastre inutilizzabili, sottoesposte o sovraesposte, a sviluppare e fissare le lastre, a utilizzare gli strumenti per la misura delle immagini fotografiche degli spettri.

Molte di queste operazioni oggi le fa il computer, la lastra fotografica è stata sostituita dai rivelatori elettronici, più sensibili e affidabili. I telescopi da 30 centimetri si usano ormai per scopi amatoriali o didattici, e i grandi telescopi moderni sono stati esiliati, a causa dell'inquinamento luminoso, nelle regioni più remote e disabitate del pianeta. Ma al tempo in cui studiavo per la tesi l'inquinamento luminoso era molto modesto: era il 1944, e Firenze era immersa nel buio per l'oscuramento che proteggeva la città dai bombardamenti. Allora, con un telescopio da 30 centimetri si potevano ancora fare delle ricerche pubblicabili sulle maggiori riviste internazionali. Va aggiunto che proprio grazie all'oscuramento di Los Angeles, a causa della guerra, Walter Baade riuscì, nel 1944, a sfruttare al massimo il telescopio di Monte Wilson e a scoprire l'esistenza delle due classi di variabili cefeidi nella galassia di Andromeda e poi nella nostra.

Aquila. Il travestimento di Giove per rapire l'amante

Gli antichi popoli del mondo classico erano concordi nel vedere un'aquila, o comunque un rapace, in quella figura stellare grossomodo triangolare indicata come costellazione dell'Aquila. Non perché quell'asterismo suggerisca l'immagine di questo animale ma, più probabilmente, perché qualcuno, in epoca preistorica, collocò tra quelle stelle un mito legato a un'aquila, e chi venne dopo non fece altro che credere di vederci davvero un'aquila, collegandola però a una storia del tutto diversa da quella originaria.

Figura 10. Le origini dell'Aquila sembrano collegabili a un antico mito dei Sumeri, ma i Greci la dedicarono all'amore tra Giove e Ganimede.

I primi a battezzare l'asterismo sarebbero stati i Sumeri che ci ricamarono sopra una bella storia nota come «mito di Etana». I protagonisti erano appunto un'aquila inviata dagli dèi ed Etana, tredicesimo re sacerdote della prima dinastia che governò sulla città di Kish in un periodo compreso fra il 3000 e il 2700 a.C.

Etana, racconta il mito, era un re potente e benvoluto ma a un certo punto trascurò l'amministrazione del regno, e i raccolti ne risentirono; allora gli dèi, irati, lo punirono rendendo sterile la regina. Etana, disperato, rinnovò sacrifici e preghiere, poi si rivolse al dio del Sole Shamash affinché restituisse la fertilità alla moglie, così da poter avere un figlio. Il dio ascoltò la supplica e mandò Etana alla ricerca di un'aquila che era tenuta prigioniera da un serpente in un pozzo molto profondo: se avesse liberato il rapace, l'animale lo avrebbe portato in cielo dove si trovava la pianta della fertilità e del parto.

Etana liberò l'aquila (simbolo del Sole e del potere) dal dominio del serpente (simbolo delle acque e delle tenebre) e, saltato in groppa al divino rapace, iniziò un lungo viaggio verso le dimore degli dèi finché, stremato, lasciò la presa e precipitò assieme all'aquila nelle acque dell'oceano, dove morirono entrambi.

Questa è una versione del mito che non porta da nessuna parte; secondo un'altra variante, invece, le cose andarono meglio. L'aquila portò Etana nel cielo dalla dea Inanna-Ishtar la quale, ascoltato il racconto del re, gli concesse la pianta della fertilità, ordinandogli di mangiarla assieme alla moglie, che infatti rimase incinta e dette alla luce un erede, Balikhu. Per tale ragione l'aquila trovò un suo posto tra le stelle, dove tuttora stende le ali sebbene nessuno ricordi più quest'antica storia.

Anche Greci e Romani non ne sapevano nulla e così, ereditata la costellazione dell'Aquila, animale sacro che portava avanti e indietro i fulmini scagliati da Giove, le affidarono una storia adatta alle abitudini bisex del signore del cielo. Giove, raccontavano, aveva notato nelle campagne di Troia il bellissimo pastorello Ganimede e, infatuato, si trasformò in aquila per rapirlo e portarlo sull'Olimpo, dove ne fece il suo amante e gli trovò lavoro come coppiere degli dèi. Da allora l'aquila staziona nell'omonima costellazione, sempre pronta a planare su Ganimede, alloggiato tra le stelle dell'Acquario.

Più delicato e venato di poesia orientale è il mito arabo, che vede nelle stelle della costellazione dell'Aquila e della Lira due amanti separati dal bianco fiume della Via Lattea; un tormento amoroso che solo una volta all'anno si scioglie in un abbraccio, quando alcune gazze volano l'una dietro l'altra creando tra le due sponde del fiume celeste un esile ponte che permette ai due amanti di incontrarsi.

IL MITO

Cefeo. Il padre snaturato che inventò l'astronomia

Come abbiamo visto nella storia di Andromeda, per scongiurare la devastazione del suo regno, il re Cefeo accettò di sacrificare la figlia Andromeda offrendola in pasto al mostro Ceto, la Balena, inviato da Nettuno per punire l'arroganza della regina Cassiopea, madre della ragazza. Cefeo fece incatenare la fanciulla a una scogliera ma, quando il mostro affiorò dalle acque per sbranare la ragazza, intervenne l'eroe Perseo che uccise il mostro e sposò la principessa.

In questa storia il tremebondo Cefeo non fa una gran figura, e i mitografi si chiedono che cosa abbia spinto gli antichi Greci a sistemarlo tra le stelle, fra la Via Lattea e il Polo Nord, dedicandogli addirittura una costellazione.

In realtà Cefeo non era un comune mortale, ma aveva origini divine poiché era un lontano discendente di Giove e della ninfa Io. Ma neanche questo basta per giustificare la sua sistemazione tra le stelle; e non è sufficiente neppure la sua partecipazione al mito di Andromeda e Perseo.

La spiegazione potrebbe essere un'altra. Dietro questo personaggio francamente secondario della mitologia greca, si celerebbe in realtà un mitico sovrano dell'antica Mesopotamia, la terra dove nacque l'astronomia, chiamato dai babilonesi «figlio di Belos», un personaggio di cui Plinio il Vecchio racconta che «fu considerato l'inventore della scienza delle stelle». Oggi sappiamo che 20.000 anni fa il Polo Nord si trovava proprio nella sua costellazione; per questo motivo alcuni ritengono che la costellazione di Cefeo sia stata creata attorno a quella lontanissima data.

Comunque, per i Greci, Cefeo era l'inventore dell'astronomia, merito più che sufficiente per salire in cielo ma, salvo sco-

Figura 11. Dietro la figura di Cefeo, padre di Andromeda, si celerebbe un mitico re mesopotamico considerato l'inventore della scienza astronomica.

perte di nuovi testi rivelatori, non sapremo mai che cosa raccontava davvero il «figlio di Belos».

LA STORIA

L'Orsa Maggiore ha 15.000 anni da raccontare

A chi venne in mente di popolare il cielo con le immagini di divinità, semidei, eroi, animali veri o fantastici? E a quando risale questo battesimo? Domande che non avranno mai risposta precisa perché il dilemma va ben oltre i confini della storia e si perde nelle profondità del tempo.

Ma poter affermare con certezza che la risposta va cercata nella preistoria è già una mezza risposta che, come vedremo, dimostra come i sogni degli uomini possono permanere quasi immutati nella memoria collettiva per un tempo incredibilmente lungo: nel caso della costellazione dell'Orsa Maggiore, almeno 15.000 anni, o forse 17.000.

Questa costellazione, indicata anche come Carro, Aratro o Mestolo, è certamente la più popolare di tutte, forse per la facilità di riconoscerne il tipico raggruppamento di stelle. Secondo i mitografi tutte le antiche popolazioni dell'Europa e dell'Asia l'avevano identificata con un'orsa e, tra i tanti miti che la riguardano, il più diffuso è quello che vede l'orsa nelle quattro stelle del Carro e identifica nelle tre stelle della coda (o del timone) tre cacciatori lanciati all'inseguimento dell'animale.

L'associazione fra quelle stelle e l'orsa, ha scritto Bradley E. Schaefer, professore del dipartimento di Fisica e Astronomia del-

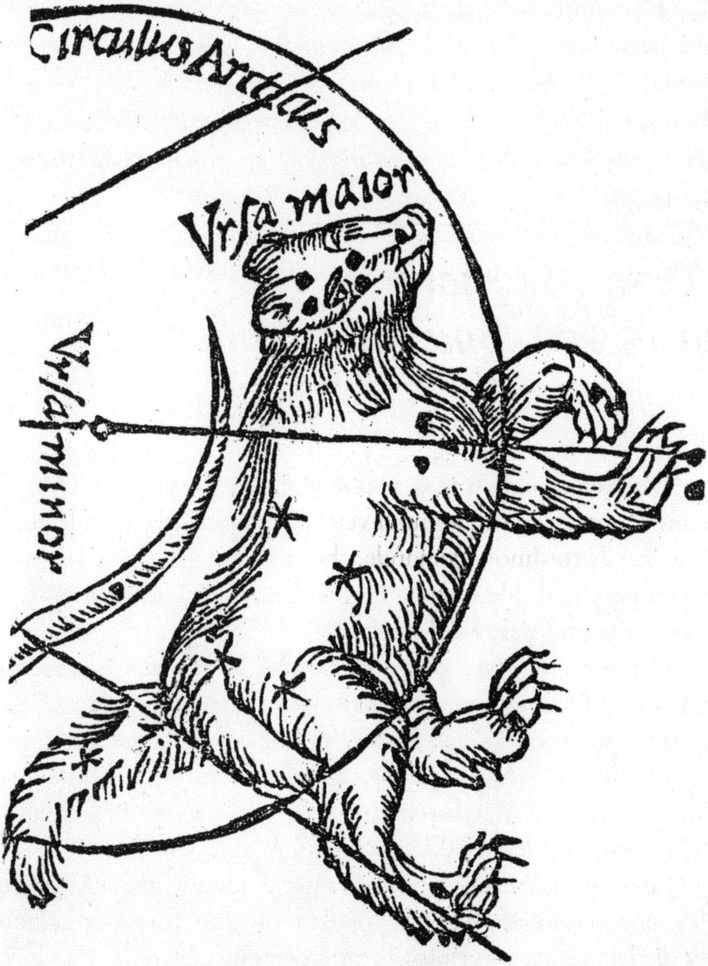

Figura 12. L'Orsa Maggiore è oggetto di racconti molto simili in Eurasia e nelle Americhe. Questo fa pensare che il mito sia passato nel Nuovo Mondo almeno 15.000 anni fa, epoca della migrazione preistorica attraverso lo Stretto di Bering.

la Louisiana State University a Baton Rouge, negli Stati Uniti, «era patrimonio dei Greci, dei Baschi, degli Israeliti, di molte tribù siberiane e in modo sorprendente era diffusa in tutta l'America del Nord. Molte tribù del Nuovo Mondo, come i Cherokee, gli Algonchini, gli Zuni, i Tlingit e gli Irochesi condividevano infatti l'interpretazione dell'orsa inseguita da tre cacciatori, anche se con alcune varianti».

Come spiegare questa vastissima diffusione dell'immagine e persino dei caratteri fondamentali del mito, sia nel Vecchio Mondo sia nelle Americhe? Difficile ipotizzare che le popolazioni del

Figura 13. Dipinti rupestri del Sud-ovest degli Stati Uniti nei quali alcuni studiosi riconoscono la Supernova del Granchio, apparsa nel 1054. La compresenza della falce lunare e della stella indicherebbe la data del 5 luglio.

Nuovo Mondo abbiano immaginato autonomamente un'orsa tra quelle stelle che girano attorno al Polo Nord, perché l'asterismo non suggerisce affatto la forma di un animale; ma se anche lo evocasse, rimarrebbe da spiegare la sostanziale somiglianza del mito imperniato sull'inseguimento di un'orsa da parte di uno o più cacciatori. Ugualmente da escludere che il tutto sia il risultato di una contaminazione culturale indotta dai racconti dei primi missionari dopo la scoperta dell'America, perché le tradizioni dei nativi furono registrate fin dai primissimi contatti e i miti americani non ricalcano la versione greca introdotta dagli europei.

La spiegazione più logica, secondo Schaefer, è che i colonizzatori preistorici del Nuovo Mondo abbiano portato con sé il mito attraverso lo Stretto di Bering quando, circa 15.000 anni fa, passarono dalla Siberia all'Alaska dando inizio al popolamento delle Americhe; o forse durante una precedente migrazione avvenuta 17.000 anni fa.

«In realtà», conclude il mitografo americano, «la vera origine della costellazione dell'Orsa potrebbe risalire a molto tempo prima di queste migrazioni. Alcune pitture rupestri, manufatti e ritrovamenti di crani d'orso nelle caverne europee datati a più di 30.000 anni fa sembrano indicare l'esistenza di una sorta di culto dell'orso. La costellazione potrebbe quindi essere nata come raffigurazione popolare di un'icona sciamanica. Ma qualunque sia la sua origine, è probabile che il mito dell'Orsa Maggiore sia una delle più antiche creazioni dell'umanità.»

Non tutti gli studiosi di preistoria, però, concordano sull'esistenza di un culto dell'orso in epoca paleolitica, e alcuni mettono in dubbio l'interpretazione cultuale data a certi ritrovamenti di crani di orso apparentemente oggetto di speciali attenzioni da parte degli antichi cacciatori. Per contro, è ampiamente documentata l'esistenza di elaborati culti dell'orso tra le popolazioni moderne delle regioni artiche e subartiche, dalla Lapponia alla Siberia, oltre che dell'Asia centrale, della Mongolia e dell'Hokkaido, l'isola giapponese dove sopravvive l'etnia bianca Ainu, che popolò l'arcipelago in epoca molto antica e ha mantenuto vivo il culto dell'orso fino agli inizi del Novecento.

Ampia diffusione di questo culto è documentata anche presso le stesse popolazioni native nordamericane che nella costellazione dell'Orsa vedono l'animale inseguito da tre cacciatori. Secondo il loro mito il primo inseguitore corre dietro all'orsa con l'arco teso, il secondo porta l'attrezzatura adatta a cuocere la carne dell'animale e il terzo, più indietro di tutti, è intento a raccogliere legna da ardere per cucinare.

Nella versione degli indiani Irochesi, in primavera si vedono

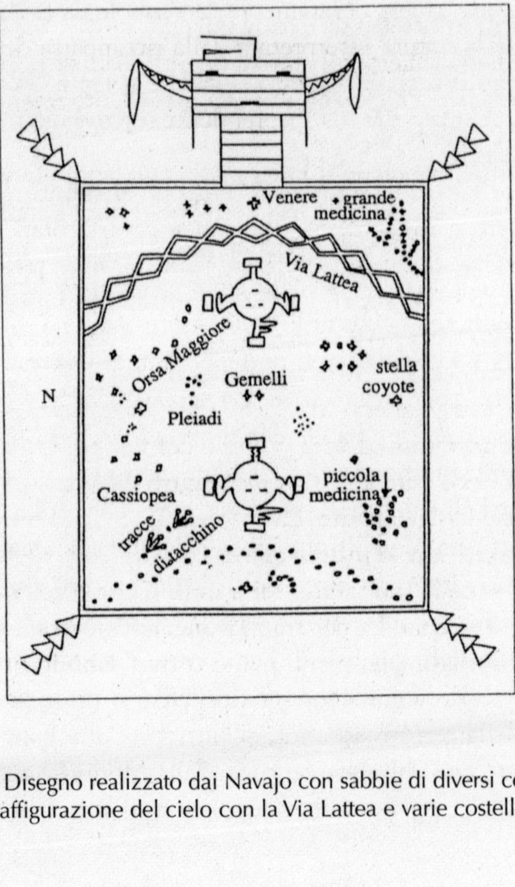

Figura 14. Disegno realizzato dai Navajo con sabbie di diversi colori. Si tratta di una raffigurazione del cielo con la Via Lattea e varie costellazioni.

verso est i tre cacciatori che inseguono l'animale in prossimità delle montagne mentre durante l'estate, quando le stelle sono più alte nel cielo e la stagione è più calda, la caccia prosegue sulle cime delle montagne; all'inizio dell'autunno il primo indiano aspetta l'orsa alle pendici dei monti e la colpisce con una freccia: il sangue sgorga dalla ferita e cola sulle foreste tingendo di rosso il fogliame degli alberi. A quel punto, la costellazione è ormai bassa sull'orizzonte e arriva l'inverno, così orsa e cacciatori si rifugiano nelle caverne per ripararsi dal freddo.

A primavera la ferita dell'orsa è rimarginata e l'animale riprende con vigore la sua corsa circolare nel cielo inseguito dai tre cacciatori impegnati nell'eterna rincorsa.

Il racconto rivela chiaramente la simbologia della rinascita annuale della natura interpretata dalla ricomparsa dell'orsa dopo il letargo invernale. Questo potrebbe spiegare la vastissima diffusione del mito e la sua sorprendente sopravvivenza attraverso i millenni.

Nel Nordamerica, comunque, esistono altri miti relativi alla costellazione e anche se non presentano particolari enigmi ci regalano storie che vale la pena ricordare. Come quella narrata dai cacciatori delle grandi pianure riportata da Giuliano Romano, il massimo esperto italiano di archeoastronomia. Una ragazza, passeggiando nel bosco, incontrò un orso il quale le si accostò con un atteggiamento molto buono e mite; la ragazza e l'animale si incontrarono diverse volte e col tempo divennero così tanto amici che a un certo punto la giovane si invaghì dell'orso e divenne la sua amante. La cosa suscitò scandalo tra i fratelli della ragazza, che si misero alla caccia dell'animale. Una volta scovatolo nella sua tana, i sei fratelli e una sorella lo massacrarono con ferocia. La povera giovane, addolorata dalla morte del suo fedele animale, piano piano si trasformò in una grande orsa, per poterlo seguire per sempre. Oggi si possono scorgere, nelle stelle che ruotano attorno al Polo, i due amanti (Orsa Maggiore e Orsa Minore) che procedono insieme nel loro eterno cammino.

Auriga

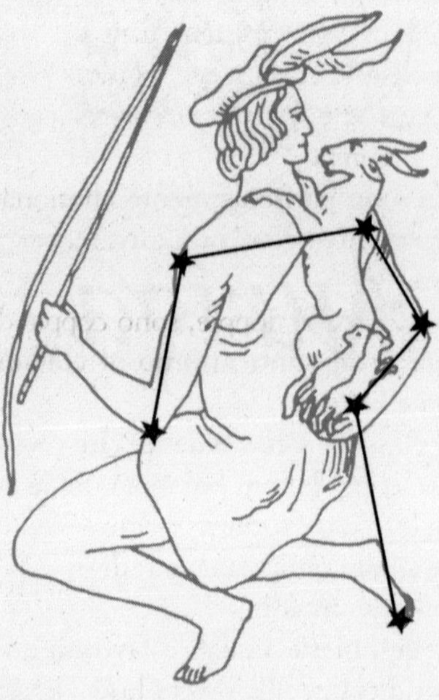

Le stelle binarie

La costellazione di Auriga raggiunge la massima altezza sull'orizzonte a mezzanotte, all'inizio di dicembre. La stella più brillante è Alfa Aurigae, una brillante gigante gialla nota come Capella (capretta). Ne fa parte Epsilon Aurigae, la più enigmatica «stella binaria a eclisse», che si vede vicino a Capella e si individua facilmente perché è il vertice di un triangolo isoscele noto come «naso dell'Auriga».

A questa stella sono particolarmente affezionata per il fatto di averla studiata per più di vent'anni e avere, probabilmente, risolto il suo enigma.

Le stelle binarie, o stelle doppie, sono coppie di stelle legate gravitazionalmente e orbitanti attorno al comune baricentro, così come la Terra e la Luna.

Ci sono varie classi di stelle binarie, che prendono il nome dal modo in cui si scopre la loro binarietà. Se le due stelle sono molto lontane fra loro e abbastanza vicine a noi, è possibile vederle separate e misurare gli spostamenti di una rispetto all'altra: è la classe delle binarie visuali.

La scoperta delle binarie visuali è favorita quando il piano dell'orbita è perpendicolare alla nostra linea di visuale.

Tuttavia, nella maggior parte dei casi le due stelle sono troppo vicine fra loro e troppo lontane da noi per poterle vedere separate: ci appaiono come un unico puntino luminoso.

Che si tratti di un sistema binario lo si può dedurre dallo studio dello spettro.

Il caso più favorevole si verifica quando il piano dell'orbita contiene la nostra visuale o comunque quando l'angolo fra la visuale e il piano dell'orbita è abbastanza piccolo. Le due stelle, orbitando intorno al baricentro, si muovono alternativamente verso e via da noi. Quando una si avvicina, l'altra si allontana e viceversa. Questo movimento è rivelato dall'effetto Doppler.* Se le due stelle sono di circa eguale splendore le righe spettrali appaiono sdoppiate, l'una spostata verso il violetto e l'altra verso il rosso, indicando che una stella si avvicina a noi e l'altra si allontana; mezzo periodo dopo gli spostamenti si invertono. Ma nella maggioranza dei casi una stella è molto più brillante dell'altra e nello spettro si vedono solo le sue righe che si spostano periodicamente verso il rosso e verso il violetto, denunciando il suo moto orbitale e quindi la sua duplicità. Queste binarie si chiamano binarie spettroscopiche.

Se in particolare la nostra visuale giace esattamente sul piano dell'orbita, ogni volta che le due stelle e l'osservatore sono allineati, si ha l'eclisse di una stella da parte dell'altra, che viene rivelata da una diminuzione di luce del sistema. Avremo così delle binarie a eclisse. Una binaria a eclisse è anche una binaria spettroscopica, mentre una binaria spettroscopica è anche a eclisse soltanto quando l'angolo fra la visuale dell'osservatore e il piano dell'orbita è molto vicino a zero.

* L'effetto Doppler è il cambiamento apparente della frequenza di un'onda percepito da un osservatore che si trova in movimento rispetto alla sorgente delle onde. Quando una sorgente di onde sonore o luminose si allontana da noi, riceviamo onde di frequenza più bassa di quella emessa, mentre quando si avvicina riceviamo onde di frequenza più alta di quella emessa.

In astronomia l'effetto Doppler è molto importante perché rivela, per esempio, il movimento, in avvicinamento o in allontanamento da noi, di stelle e galassie. L'osservazione avviene sugli spettri stellari, che sono spettri continui solcati da righe scure causate dall'assorbimento, da parte degli atomi presenti negli strati più alti e rarefatti, della radiazione proveniente dagli strati più profondi e più caldi. Dal confronto degli spettri dei gas ottenuti in laboratorio con quelli presenti negli spettri stellari è possibile capire a quali elementi sono dovute le righe scure. Per esempio il gas sodio portato all'incandescenza dà luogo a due forti emissioni nel giallo. Se nell'atmosfera stellare c'è gas sodio, osserveremo due assorbimenti nella parte gialla dello spettro. Se la stella è ferma rispetto a noi, le righe scure cadono esattamente alla stessa lunghezza d'onda a cui cadono le emissioni ottenute in laboratorio; se invece sono spostate verso il rosso o verso il violetto vorrà dire che la stella si allontana o si avvicina a noi. Quanto più grande è lo spostamento, tanto maggiore è la velocità nella direzione stella-osservatore.

Perché Epsilon Aurigae è un caso unico? Prima di tutto per la lunghezza del suo periodo, pari a 27,1 anni, il che indica che le due stelle sono anche assai lontane l'una dall'altra. Ora, la quasi totalità delle binarie a eclisse ha periodi molto corti, pochi giorni o addirittura ore, perché le due stelle sono molto vicine fra loro. È infatti evidente che, anche se il piano dell'orbita non contiene esattamente la visuale dell'osservatore, un'eclisse parziale può avvenire lo stesso, se le due stelle sono molto vicine fra loro.

In realtà si conosce un gruppetto di stelle che presentano qualche somiglianza con Epsilon Aurigae, perché in tutti questi casi si tratta di eclissi «atmosferiche» e di periodi lunghi come e più di un anno. La coppia è costituita da una stella gigante o supergigante fredda e di una compagna calda; la prima è una stella nella quale il diametro è da centinaia a qualche migliaio di volte quello del Sole e la temperatura è compresa fra i 5.000 e i 7.000 gradi kelvin, ovvero circa eguale a quella del Sole, che è di 5.700 gradi kelvin. La compagna calda è una stella di raggio pari a qualche raggio solare e temperatura fra 10.000 e 20.000 gradi kelvin.

In seguito, parlando di temperature di corpi celesti espresse in gradi, intenderemo sempre gradi kelvin, ovvero la scala in cui zero gradi centigradi corrisponde a 273 gradi e dunque, per esempio, 100 gradi centigradi equivalgono a 373 gradi. Lo zero assoluto è pari a -273 gradi centigradi.

Tornando alla coppia di stelle che stavamo osservando, la luce della compagna calda, quando passa dietro l'atmosfera estesa della stella fredda, viene assorbita a varie distanze dalla superficie (la fotosfera) della gigante prima di sparire dietro di essa per poi riapparire alla fine dell'eclisse. Si ha così l'opportunità di studiare le condizioni fisiche dell'atmosfera estesa a varie altezze sopra la fotosfera. Queste «parenti» di Epsilon Aurigae sono 22 Vulpeculae (periodo 249,11 giorni, quindi meno di sette decimi di anno), Zeta Aurigae (periodo 972,162 giorni o poco meno di 2,7 anni), 32 Cygni (periodo 1.147,8 giorni, un po' più di tre anni), 31 Cygni (periodo 3.784,3 giorni, poco più di 10 anni), e infine VV Cephei (periodo 7.450 giorni, ovvero più di 20 anni).

Epsilon Aurigae si differenzia nettamente dalle sue «parenti» per le peculiarità della sua eclisse. Infatti il maggior interesse delle osservazioni spettroscopiche di queste consiste nel fatto che la luce della stella calda eclissata, passando attraverso l'atmosfera della stella fredda eclissante, permette di scandagliare le proprietà fisiche dell'atmosfera eclissante a varie altezze.

Invece, nel caso di Epsilon Aurigae, il maggior interesse consiste nell'eclisse della stella fredda da parte di una misteriosa compagna del cui spettro non si vede traccia. L'eclisse è totale e dura 330 giorni. Per 330 giorni il suo splendore è ridotto circa della metà, ma durante l'eclisse si vede sempre soltanto lo spettro della stella eclissata. Le due fasi parziali, di entrata e uscita, durano ciascuna 140 giorni, quindi tutta l'eclisse dura complessivamente 610 giorni. Ripeto che, malgrado la stella eclissante sia davanti, non si vede traccia del suo spettro. Quindi dovrebbe essere molto più debole della stella eclissata.

Questi fatti possono essere spiegati assumendo che la stella eclissante sia circondata da un disco opaco, non emittente, che occulta metà della stella eclissata. Una specie di nebulosa protoplanetaria, come quella che circondava il Sole prima della formazione dei pianeti. Però ci sono altri fatti da spiegare. Durante la fase di ingresso dell'eclisse, quando la stella si porta dietro il disco eclissante, nel suo spettro appaiono delle righe molto simili a quelle proprie della stessa stella eclissata e a essa collegate, perché indicano una velocità di allontanamento. Infatti la stella sta trascinando con sé il corpo eclissante; lo stesso fenomeno si ripete all'egresso, quando la stella sta uscendo dall'eclisse e viene verso di noi; ora le righe indicano una velocità di avvicinamento.

Questa serie di righe «aggiunte» sono simili a quelle tipiche dello spettro stellare, ma hanno delle caratteristiche che indicano una temperatura un po' più bassa e soprattutto una più bassa densità. Questo significa che la stella è circondata da un'atmosfera molto estesa e rarefatta che appare solo durante le fasi di eclisse, quando è eccitata dal corpo eclissante. Ma un disco opaco non è in grado di eccitare un gas rarefatto. Ci vuole una sorgente di radiazione, come potrebbe essere una stella molto più calda della stella visibile. Poiché le osservazioni non mostrano traccia di questa ipotetica stella, bisogna supporre che ci sia una compagna molto piccola e calda, ma assai più debole della stella visibile. Poiché l'emissione di un corpo caldo ha il suo massimo a lunghezze d'onda, tanto più brevi quanto maggiore è la temperatura, questa compagna potrebbe essere molto più debole nell'intervallo di radiazioni visibili, ma diventare predominante nel lontano ultravioletto. È questa l'ipotesi che feci nel 1957 mentre mi trovavo all'Università di Berkeley, in California, ed esaminavo gli spettri di Epsilon Aurigae ottenuti col grande telescopio di Monte Palomar, quello di 5 metri di diametro, che allora era il più grande del mondo. La mia ipotesi non era verificabile, perché dalla Terra è impossibile ricevere le radiazioni ultraviolette emesse dal Sole e dalle stelle, che vengono completamente assorbite dalla nostra atmosfera. Per una conferma ho dovuto aspettare più di vent'anni, per la precisione fino all'aprile del 1978, quando il satellite IUE (International Ultraviolet Explorer), lanciato alla fine di gennaio e destinato proprio allo studio degli spettri stellari nell'ultravioletto, fu finalmente messo a disposizione dei ricercatori che avevano proposto programmi di osservazione. Fra i miei programmi il primo era appunto l'osservazione di Epsilon Aurigae.

Mi trovavo a Villafranca del Castillo, presso Madrid, nella stazione osservativa per IUE dell'agenzia spaziale europea. Gli operatori avevano puntato la mia stella e io osservavo il monitor: se la mia ipotesi era giusta, dopo qualche minuto sarebbe dovuta apparire una strisciolina luminosa, lo spettro della debole stella calda; se invece era sbagliata, lo schermo sarebbe rimasto nero, perché la stella visibile non era abbastanza calda per emettere apprezzabilmente nell'ultravioletto. Dopo qualche minuto ecco apparire la firma della compagna calda che avevo ipotizzato tanto tempo prima.

Le osservazioni condotte nel 1978 col satellite IUE hanno

dunque mostrato la presenza di un corpo caldo, parte del sistema. Anche le osservazioni nell'infrarosso mostrano la presenza di un corpo freddo volto verso di noi durante l'eclisse. Queste osservazioni, apparentemente contraddittorie, indicano che il misterioso compagno che eclissa la stella gigante è un corpo complesso, una stella calda circondata da un disco esteso e opaco. Ma le osservazioni sono ancora meglio spiegate assumendo che la stella calda sia in realtà una coppia di stelle calde e molto vicine. Infatti una singola stella calda, ma piccola e debolmente luminosa, non avrebbe massa sufficiente per spiegare le caratteristiche orbitali del sistema, mentre una coppia di deboli stelle calde sarebbe sufficiente.

Così si arriva alla conclusione che Epsilon Aurigae è un sistema formato da tre stelle, una coppia di stelle calde e molto vicine fra loro circondate da una nebulosa protoplanetaria e una stella gigante circondata da un'atmosfera rarefatta.

IL MITO

L'omicidio che dette vita alle Olimpiadi

Così come per molte altre costellazioni, anche per l'Auriga bisogna scegliere fra i tanti miti che la riguardano constatando, ancora una volta, che la mitografia greco-romana racconta una storia che ha poco o nulla a che fare con l'immagine correlata alla costellazione: in questo caso un uomo con una capretta in braccio, che certo non ricorda un auriga.

Anche questa costellazione dovette dunque arrivare in Grecia dalla Mesopotamia con un'iconografia già confezionata, alla

Figura 15. Nel mito greco, l'Auriga ricordava la gara in cui perse la vita il re dell'Elide; in suo onore furono organizzati giochi sportivi che dettero origine alle Olimpiadi.

quale i Greci si sforzarono di far aderire un loro mito o parti di miti diversi. L'elemento più appariscente di tale discrepanza è la capretta: una presenza incongrua, che dovette essere giustificata escogitando per l'animale una particina di secondo piano in altri miti correlati all'Auriga.

Detto ciò, vediamo cosa raccontavano Greci e Romani. La storia più articolata e appassionante è quella che vede come protagonisti il re Enomao, la bella figlia Ippodamia, l'auriga reale Mirtilo e il coraggioso Pelope, inventore delle Olimpiadi: tutti coinvolti in un drammone in cui si mescolano amore, sesso, inganni e teste tagliate, con un gran finale di gare sportive.

Enomao, che regnava sulla regione di Elide, era tormentato dalle parole di un oracolo dal quale aveva saputo che sarebbe stato ucciso dall'uomo che avesse sposato Ippodamia. Per questo, o forse perché era geloso della figlia, il re annunciò che avrebbe concesso la ragazza solo a chi fosse riuscito a batterlo in una corsa con le bighe; se però il pretendente avesse perso sarebbe stato ucciso, e la sua testa appesa alle porte della città.

Ippodamia era talmente bella che almeno una dozzina di giovanotti persero letteralmente la testa per lei, perché il re aveva cavalli imbattibili e imponeva al pretendente di simulare un rapimento portandosi la ragazza sulla biga; una presenza ingombrante che andava a tutto vantaggio del sovrano.

Le cose andarono così finché si presentò a corte il bel Pelope, che fece subito innamorare Ippodamia e sfidò il sovrano a gareggiare con lui ma, avendo visto che cos'era capitato a chi lo aveva preceduto, prese una precauzione. Di nascosto avvicinò Mirtilo, l'auriga reale segretamente innamorato di Ippodamia, promettendogli una notte d'amore con la principessa se lo avesse aiutato a preparare un attentato a Enomao. Mirtilo accettò e sostituì i perni di bronzo che assicuravano le ruote al mozzo della biga reale con perfette copie di cera che si sciolsero dopo pochi metri di corsa, provocando il rovesciamento del mezzo. Come previsto, Enomao morì sul colpo e Pelope, Ippodamia e Mirtilo scapparono verso Corinto per sfuggire alle ire del pubblico che s'era accorto della tresca.

Dopo una lunga fuga i tre si fermarono per riposarsi un po' ma, approfittando di una momentanea assenza di Pelope, Mirtilo cercò di prendersi con la forza il premio che gli era stato promesso; Ippodamia lo respinse e raccontò tutto a Pelope il quale, infuriato, ammazzò l'auriga scaraventandolo in mare dall'alto di una scogliera.

Liberatosi del terzo incomodo, ma consapevole di aver vinto la gara grazie a un omicidio e di avere ucciso il complice, Pelope pensò di farsi perdonare dai signori dell'Olimpo organizzando giochi sportivi riparatori che, successivamente, dettero origine alle Olimpiadi. Gli dèi, placati dalle fastose celebrazioni, sistemarono l'auriga Mirtilo in cielo; Pelope invece non salì alle stelle, ma dette il suo nome al Peloponneso.

I sacerdoti della Mesopotamia battezzarono le costellazioni

Tutti i popoli, in qualsiasi punto della Terra vivano, possono vedere le stelle e tutti – chi più chi meno – le hanno organizzate raggruppandole in costellazioni alle quali hanno dato un nome, quasi sempre diverso da un popolo all'altro, anche se in parecchi casi le stelle prese in considerazione sono le stesse. Questo perché alcuni raggruppamenti stellari sono particolarmente brillanti e visibili, ma anche perché, col passare dei secoli, alcuni popoli hanno adottato le costellazioni dei loro vicini, magari cambiandone soltanto il nome.

Noi abbiamo quelle ereditate dai Greci ed è per tale ragione che nel nostro cielo si muovono tanti protagonisti della mitologia classica. Negli ultimi decenni, però, si sono fatte sempre più numerose le prove che il nostro cielo non è affatto tutto greco come credevamo, anzi, viene in gran parte dalla Mesopotamia. Nella terra fra il Tigri e l'Eufrate i Sumeri cominciarono a individuare e battezzare le costellazioni oltre 5.000 anni fa, poi proseguirono i Babilonesi e quindi gli Assiri i quali, fra il 1300 e il 1000 a.C., avevano ormai definito il loro panorama celeste che, verso il 500 a.C., migrò in Grecia dove il cielo non era ancora affollato di costellazioni.

Secondo il celebre astrofisico Bradley E. Schaefer, che da anni indaga su questo contagio culturale, «le due prime fonti scritte dei Greci – i poemi epici di Omero, che si presume siano dell'VIII secolo a.C., e il calendario agricolo di Esiodo, della stessa epoca – citano entrambe due importanti costellazioni (Orione e l'Orsa Maggiore), due ammassi stellari (le Pleiadi e le Iadi), e

Figura 16. I primi a battezzare le costellazioni furono i popoli mesopotamici. In molti dei loro sigilli cilindrici sono raffigurate stelle e divinità con caratteri astrali. Nell'immagine qui sopra si vedono la dea Ishtar in un nimbo di stelle, la falce lunare e le Pleiadi.

due stelle (Sirio e Arturo). Ma niente di più. E tutte le altre fonti precedenti il 500 a.C. non fanno cenno alle stelle».

È quindi probabile che i Greci abbiano ricevuto le costellazioni più importanti a partire dal 500 a.C. e Schaefer quantifica tale trasferimento stellare: «I raggruppamenti mesopotamici compaiono in molte delle costellazioni della Grecia classica. Per esempio, le stelle indicate dai Greci come Capricorno e Gemelli erano conosciute dagli Assiri con nomi simili: il Pesce-Capra e i Grandi Gemelli. Venti costellazioni sono riproduzioni fedeli, mentre altre 10 sono formate dalle stesse stelle ma hanno nomi differenti. Il Bracciante Agricolo e la Rondine degli Assiri, per esempio, sono state rinominate rispettivamente Ariete e Pesci».

Quindi l'autore precisa l'apporto originale del mondo greco al battesimo delle stelle: «Anche se basato sui gruppi stellari mesopotamici, il sistema greco delle costellazioni presenta 18 figure che non hanno origine in Oriente o in un altro luogo da scoprire: la loro natura è greca. Per esempio, c'è Ercole associato ad altre costellazioni che simboleggiano creature sconfitte dall'eroe, fra cui il Leone e il Drago. C'è anche Ofiuco che regge tra le mani il serpente, e il Delfino come si conviene a un popolo di navigatori quali erano i Greci. Ben 6 di queste costellazioni raffigurano la vicenda, presa dalla mitologia greca, in cui Perseo libera Andromeda».

La maggior parte delle oltre 4.000 tavolette cuneiformi a soggetto astrologico-astronomico rinvenute dagli archeologi in Mesopotamia risalgono al periodo Neo-Babilonese (604-539 a.C.), e ci dicono che gli astronomi dell'epoca avevano identificato ben 4.000 stelle. L'esame di questi testi dimostra che i Babilonesi svilupparono la scienza del cielo partendo da osservazioni effettuate da sacerdoti-astronomi sumeri verso la metà del III millennio a.C., epoca in cui questi ultimi avevano già una loro divinità protettrice, Nisaba, patrona della scrittura, che in alcuni testi è descritta intenta a registrare dati astronomico-calendariali con «in mano uno stilo d'argento, sulle ginocchia una tavoletta con le stelle del cielo», mentre «conta i giorni assieme al dio della Luna».

Il primato dei Sumeri in campo astronomico è documentato anche da un vocabolario bilingue sumero-accadico, noto come *Prestito a interesse* e databile al 1800 a.C., che riporta soltanto 20 nomi sumeri di stelle, ma la gran parte dei nomi delle costellazioni e delle stelle del periodo babilonese sono chiaramente di origine sumera e ciò lascia supporre che le conoscenze astronomiche dei Sumeri fossero ben più estese di quanto dicono i testi finora ritrovati.

In un canto del 1700 a.C., chiamato *Preghiere agli dèi* della notte, ritrovato negli archivi reali di Babilonia, un poeta affascinato dal cielo invita questi protagonisti a «entrare» nella notte per dare inizio allo spettacolo:

> Sono aperti i portali del cielo spazioso. I grandi dèi della notte che di lontano vigilano [sono presenti]. Entrate, o dèi della notte, voi stelle maggiori: Costellazioni Giogo e Coro-

Figura 17. Placca di pietra di epoca babilonese in cui sono incise le immagini del Sole, della Luna e di Venere, oltre ai simboli di diverse costellazioni.

na, Orione, Giove e Cancro, Orsa Maggiore, Bilancia, Marte, Cinghiale, Canale: entrate o dèi della notte [...], e stelle del nord, stelle del sud, stelle dell'est e stelle dell'ovest. Entra, Ninsianna [Venere] grande dea, e tutte le rimanenti stelle! (Giorgio R. Castellino, *Testi sumerici e accadici*.)

Uno dei più importanti documenti mesopotamici a soggetto astronomico è rappresentato da tre tavolette cuneiformi note come *Mul-Apin*, «stella-aratro», un testo che ci è pervenuto in copie databili tra il VII e il III secolo a.C., ma derivate da un originale composto attorno al 1300-1000 a.C. che conteneva annotazioni astronomiche del XVI secolo a.C. e persino del 2048 a.C.

Questo compendio enumera 71 tra «stelle», termine che comprende le nostre stelle fisse, costellazioni e i cinque pianeti noti, oltre al Sole e alla Luna. Le 18 costellazioni, poi ridotte a 12 attorno al 600 a.C. o verso la metà dell'VIII secolo a.C., sono ordinate in base alle tre fasce parallele in cui era diviso il cielo babilonese: Sentiero di Enlil, Sentiero di Anu, Sentiero di Ea. Come ha fatto notare l'assiriologo Giovanni Pettinato, dell'Università La Sapienza di Roma, i loro nomi sono tutti sumeri:

Ariete – MUL.LÚ.HUN.GÁ, «operaio salariato», ma trasformato in ariete dall'errore di un antico scriba il quale, anziché scrivere LÚ, uomo, scrisse il suo omofono LU, ariete.
Toro – MUL.GU.AN.NA, in accadico *is le*, «mascella di toro».
Gemelli – MUL.MAS.MAS, rappresentano gli dèi Nabù e Nergal.
Cancro – MUL.AL.LUL è una stella-attributo di Anu, il dio del cielo.
Leone – MUL.UR.GU.LA, «leone», rimase inalterato anche presso i Babilonesi.
Vergine – MUL.AB.SÍN, letteralmente «solco», sempre rappresentato da una donna che ha in mano una spiga di grano.
Bilancia – MUL.GISH.EREN, bilancia a due braccia.
Scorpione – MUL.GISHR.TAB, in Mesopotamia era simbolo di fertilità e prosperità.

Sagittario – MUL.PA.BIL.SAG, potrebbe essere identificato col dio Ninurta.
Capricorno – MUL.SUHUR.MASH, «pesce-capra», di origine sumerica.
Acquario – MUL.GU.LA, il «grande» (uomo) identificato col dio Ea, signore della sorgente.
Pesci – MUL.KUN.MESH, in origine questo segno aveva a che fare con la rondine, non con i pesci.

Il *Mul-Apin* è una pietra miliare per la storia dell'astronomia perché riporta informazioni così precise che hanno permesso di determinare con discreta approssimazione sia l'epoca in cui furono effettuate le osservazioni citate, sia la latitudine a cui si trovavano gli osservatori. Il testo contiene infatti numerose annotazioni circa la posizione e i movimenti di quasi tutte le stelle visibili dalla Mesopotamia e poiché sappiamo che, a causa della precessione degli equinozi dovuta all'oscillazione dell'asse terrestre, le costellazioni si spostano nella volta celeste con una velocità nota, è stato sufficiente far tornare indietro le lancette dell'orologio cosmico per ritrovare con una certa esattezza l'epoca in cui le costellazioni si trovavano nella posizione descritta nel documento cuneiforme.

Hermann Hunger, dell'Università di Vienna, e David Pingree, della Brown University, hanno confrontato i dati contenuti nel *Mul-Apin* con una descrizione dell'apparizione delle stelle redatta da Tolomeo nel II secolo d.C. In questo modo sono arrivati a indicare la data del 1000 a.C. come epoca delle osservazioni, e una latitudine di 36 gradi come quella da cui gli astronomi avevano osservato il cielo. Risultati che hanno permesso di indicare l'Assiria, nella Mesopotamia settentrionale, come il luogo dove furono battezzate le costellazioni.

In uno studio del tutto indipendente, Bradley E. Schaefer è arrivato praticamente alle stesse conclusioni. Ha identificato 114 descrizioni della volta celeste riportate nel *Mul-Apin* che suggeriscono sia la data sia la latitudine da cui sono state effet-

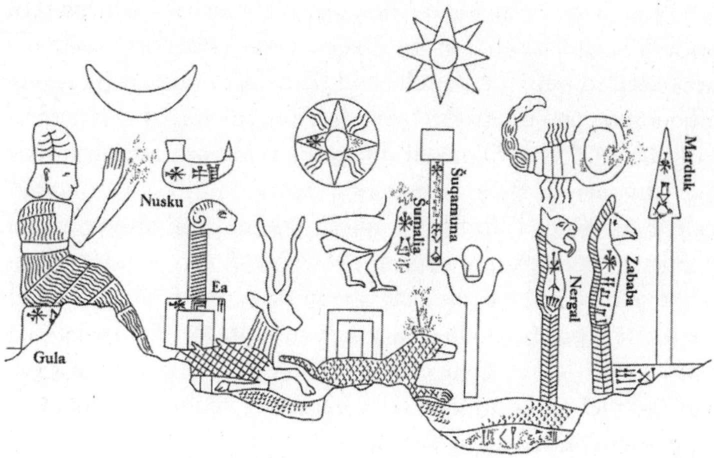

Figura 18. I simboli di alcune costellazioni scolpiti su una pietra di confine babilonese portata a Susa, la capitale degli Elamiti, come bottino di guerra (XIII secolo a.C.).

tuate le osservazioni e, valutando che nessun elemento poteva fornirgli dati sufficientemente precisi, ha esaminato statisticamente tutte le 114 osservazioni registrate ed è giunto alla conclusione che le informazioni riportate nel *Mul-Apin* risalgono al 1100 a.C., con un'approssimazione di ottant'anni. Appena identificata l'epoca, a Schaefer occorreva individuare l'area geografica da cui fu osservato il cielo. La soluzione è venuta dalla constatazione che nel *Mul-Apin* non sono menzionate le costellazioni più vicine al Polo Sud e questa assenza crea un settore circolare di cielo completamente «buio» che fa perno sul Polo e ha un raggio di 33-36 gradi. Quindi, se l'osservatore non era in condizione di vedere quell'area della volta celeste, significa che doveva trovarsi a 33-36 gradi latitudine nord, cioè a sud della Grecia, ma a nord dell'Egitto: in Assiria, appunto. Insomma, risultati che ricalcano, precisandoli, quelli ottenuti da Hunger e Pingree.

Oltre a ciò, l'esame del *Mul-Apin* ha evidenziato la compresenza di costellazioni con tre diverse caratteristiche: quelle che rappresentano divinità, quelle con figure di animali e quelle che raffigurano comuni attrezzi agricoli. Diversificazioni che sembrano indicare il contributo di differenti tradizioni astronomiche: una «divina», colta e certamente creata e utilizzata in ambito reale e religioso; l'altra più umile e pratica, che proveniva dal mondo agricolo e rispondeva alle esigenze di un calendario legato alle semine e ai raccolti. Ma quando si trattò di fare delle scelte e mettere ordine tra le stelle, di sicuro intervennero i sacerdoti-astronomi le cui competenze spaziavano dalla formulazione degli auspici al controllo del calendario, ambiti strettamente correlati all'osservazione del cielo.

Quindi i veri padrini delle costellazioni furono i sacerdoti-astronomi che sistemarono in cielo anche costellazioni «straniere», ma che ormai facevano parte della tradizione mesopotamica; un apporto testimoniato dai cataloghi stellari in cui il Leone, lo Scorpione, l'Acquario e le Pleiadi sono indicati come le «stelle dell'Elam», la regione sudoccidentale dell'attuale Iran, mentre Gemelli, Bilancia e Cancro sono designati come costellazioni di Akkad, la capitale dell'impero accadico, e di Amurru, la terra degli Amorrei in Siria.

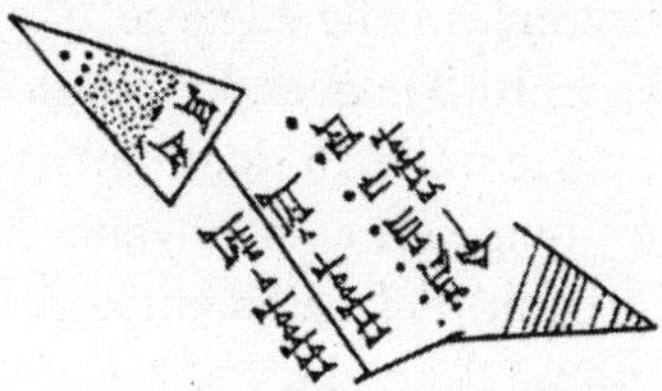

Balena

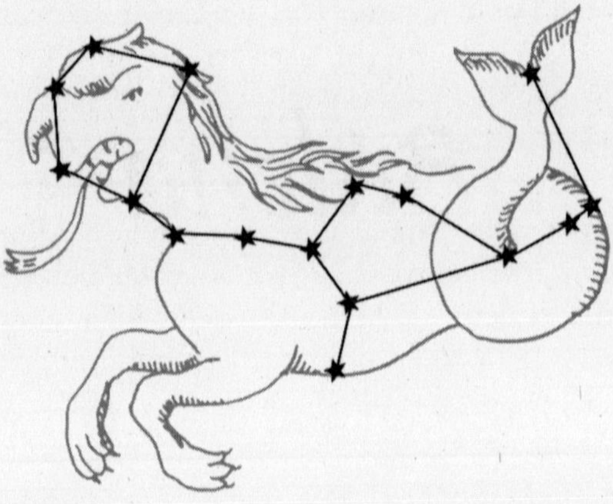

Mira, la meravigliosa

La Balena (in latino *Cetus*, da cui cetaceo) è un'estesa costellazione a sud dell'Ariete e dei Pesci.

È famosa perché in essa è visibile una stella variabile a lungo periodo. Fatta eccezione per le *novae* e le *supernovae*, che apparivano improvvisamente e poi diminuivano di splendore per sparire poco a poco, fino alla fine del 1500 si riteneva che le stelle brillassero di luce costante. Nel 1596 David Fabricius, un pastore luterano olandese, scoprì la prima variabile, Omicron Ceti. Egli la chiamò Mira, la meravigliosa.

Anche se alcune stelle osservabili a occhio nudo presentano in realtà delle variazioni di splendore, erano troppo piccole per poter essere notate. Invece, al massimo di luce, Mira Ceti è una delle stelle più brillanti del cielo, quasi come Betelgeuse e come la più brillante dell'Orsa Maggiore, mentre al minimo è 100 volte più debole delle stelle al limite di visibilità a occhio nudo. In altre parole, per raggiungere lo splendore che Mira ha al massimo di luce, occorrerebbero più di 2.000 stelle con lo splendore che Mira ha al minimo di luce.

La classe di stelle di questo tipo è costituita da giganti e supergiganti rosse, stelle la cui temperatura superficiale è di circa 3.000 gradi, che hanno consumato tutto il combustibile nucleare idrogeno e nel loro nocciolo centrale stanno trasformando l'elio in carbonio. Hanno raggi da 100 a 1.000 volte quello del Sole e un inviluppo molto rarefatto. Variano dal massimo al minimo di luce con discreta regolarità e periodi sempre superiori ai 100 giorni. È quello che diventerà il nostro Sole fra circa 5 miliardi di anni, come vedremo meglio più avanti.

La variazione di luce è dovuta al periodico espandersi e contrarsi del raggio, e il periodo di pulsazione è tanto più lungo quanto più bassa è la densità della stella. Fra periodo e densità c'è una precisa relazione che dice che il prodotto del periodo per la radice quadrata della densità media è una costante. Questo perché il tempo necessario per compiere le oscillazioni dipende dalla massa e dal raggio, e quindi dalla densità, della stella. Fisicamente questa relazione può essere interpretata come la dimostrazione che il periodo di pulsazione è dell'ordine di tempo necessario per un'onda sonora per traversare il diametro della stella. Il periodo di Mira Ceti è di circa 330 giorni.

Anche le Cefeidi si espandono e si contraggono periodicamente, ma i loro periodi sono molto più brevi, compresi fra 1 giorno e 50 giorni. Difatti le loro densità medie sono circa un centomillesimo della densità media del Sole, mentre le variabili a lungo periodo come Mira hanno densità medie 100 volte più basse, un centomilionesimo della densità del Sole. Mira e le sue simili sono dunque degli enormi palloni di gas estremamente rarefatto.

IL MITO

Un mostro così brutto che fa quasi ridere

A guardare le figure disegnate sui vecchi atlanti delle stelle c'è da stupirsi della bruttezza di Ceto, il mostro che doveva mangiare la bella Andromeda ma era destinato a essere trafitto da Perseo, con grande soddisfazione di tutti (*vedi* il paragrafo «Andromeda. La fanciulla, il mostro e l'eroe coraggioso»). Non una

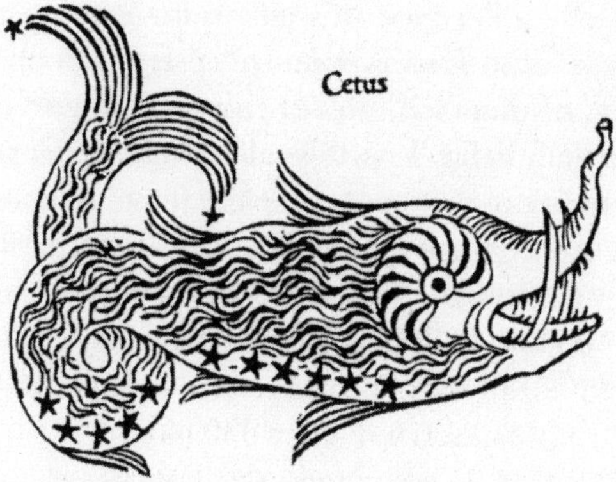

Figura 19. Il mostro marino Ceto ebbe l'onore di una costellazione (Balena) per aver fatto la parte del cattivo e del perdente nel mito di Andromeda.

bruttezza mostruosa come ci si aspetterebbe da chi interpreta la parte del mostro, ma una disarmonia sgraziata e così poco terrifica da far sembrare l'animalaccio un ridicolo basilisco, sgonfio e grinzoso, che non somiglia affatto a una balena, a cui invece rinvia il suo nome latino che ha battezzato i cetacei, né alla tremenda creatura degli abissi inviata da Nettuno a sbranare Andromeda.

Stessa incertezza di forme si nota nel disegno che decora un vaso greco del VI secolo a.C., che illustra il mito di Perseo e Andromeda; in questo caso l'eroe senza paura prende a sassate un mostro che assomiglia più a un maiale che a una creatura degli abissi.

La spiegazione di tanta vaghezza è dovuta probabilmente al fatto che i pittori antichi avevano ben poche informazioni sulla fauna marina e così dovevano affidarsi ai racconti più o meno strabilianti dei marinai, ai quali la gente non credeva nemmeno 3.000 anni fa.

Per risolvere la questione, una studiosa americana, Adrienne Mayor, ha fatto una lunga ricerca nell'Egeo, arrivando alla conclusione che all'origine di molti miti popolati da mostri marini ci sono i resti fossili di animali preistorici che gli antichi vedevano affiorare dalle rocce in prossimità del mare, dove l'erosione delle onde li portava allo scoperto. Dopo aver dimostrato la presenza di ossa di grandi animali del passato proprio su isole dove nacquero diversi miti, la ricercatrice ha presentato una sorprendente «istantanea» a sostegno della sua tesi: un vaso corinzio del VI secolo a.C. su cui è raffigurato il combattimento di Ercole contro un mostro la cui testa scheletrica emerge da una scogliera per sbranare la bella Esione, anche lei offerta in pasto alla bestia degli abissi come la povera Andromeda.

Esaminata la testa del mostro con occhio da paleontologa, la Mayor ha scoperto che, in realtà, si tratta della raffigurazione del cranio di un *Samotherium*, una gigantesca giraffa vissuta diversi milioni di anni fa, i cui resti fossili sono stati scoperti nell'isola di Samos, non lontano dall'area dove i Greci collocavano il mitico combattimento tra Eracle e il mostro che minacciava Esione.

Insomma, se la spiegazione è giusta si capisce bene la difficoltà degli antichi pittori, che si trovavano a raffigurare mostri marini partendo da resti ossei spesso neppure visti con i loro occhi e che, comunque, mal si adattavano ai canoni estetici della pittura vascolare del tempo.

Nel corso dei secoli queste creature, sempre in bilico tra realtà e leggenda, furono soggette a continue deformazioni che finirono per portare tra le stelle balene e mostri così malfatti che non stanno né in cielo né in Terra. E nemmeno in mare.

I Babilonesi inventarono il cannocchiale?

Gli archivi reali rinvenuti dagli archeologi a Ninive, l'antica capitale dell'impero degli Assiri, hanno restituito parecchie migliaia di tavolette cuneiformi redatte tra l'820 e il 620 a.C. Tra quelle a carattere astrologico-astronomico vi sono le relazioni che gli astronomi inviavano al sovrano per tenerlo informato sulle loro osservazioni del cielo e sulle eventuali implicazioni astrologiche. Ecco tre esempi pubblicati dall'assiriologo Frederick Mario Fales dell'Università di Udine:

> Riguardo all'osservazione della Luna, per la quale il mio signore mi ha scritto, l'eclisse sarà evitata; essa non si verificherà.
>
> Riguardo all'osservazione del Sole per la quale il mio signore mi ha scritto, non sa il re mio signore che esso è stato osservato attentamente? Domani è l'ultimo giorno utile; una volta che la veglia è finita, anche questa eclisse sarà evitata. Essa non avverrà.
>
> Riguardo ai pianeti Saturno e Marte... vi è ancora una distanza di circa cinque dita, sicché la congiunzione non è ancora certa. Attualmente noi stiamo a osservare e terremo informato il re nostro signore. Marte avanza di circa un pollice al giorno.

Come si nota in quest'ultima relazione, le misure erano effettuate mediante il palmo e le dita della mano, ma molti dei calcoli eseguiti con tale metodo sono così precisi da far credere che non siano stati fatti a occhio nudo. A questo riguardo, già all'ini-

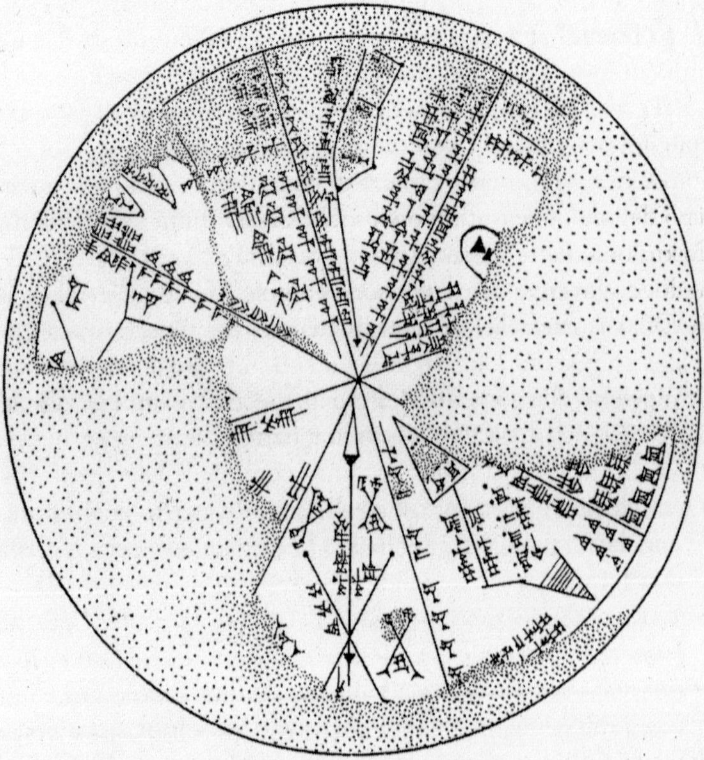

Figura 20. Riproduzione di una tavoletta di argilla del periodo Neo-Assiro (721-606 a.C.) con incisa una mappa stellare e iscrizioni cuneiformi.

zio degli anni Settanta del secolo scorso l'astrofisico George A. Kyrala, del Los Alamos National Laboratory, nel New Mexico, aveva fatto notare che l'occhio nudo non è capace di distinguere una differenza angolare inferiore a 1 minuto di arco (ci sono 60 secondi di arco in 1 minuto di arco, e 60 minuti in 1 grado: unità di misura che abbiamo ereditato dai Babilonesi).

«Le misure riportate nei calcoli astronomici delle tavolette cuneiformi», spiega l'assiriologo Giovanni Pettinato, «sono di gran lunga inferiori a 1 minuto di arco, tanto da escludere l'utilizzo del semplice occhio nudo nelle osservazioni astronomiche. L'astrologo, di conseguenza, tra i suoi strumenti per le osservazioni doveva avere, oltre a un buon occhio e alle tavolette della serie *Enuma Anu Enlil* [un'opera astrologica babilonese in cui sono raccolti fenomeni astrali e presagi, *N.d.A.*], anche dei sistemi di puntamento che gli permettessero di essere tanto preciso nei calcoli e nelle localizzazioni. Se da una parte è facile supporre l'esistenza di un sistema di puntamento come la balestriglia, abbastanza elementare per coloro che hanno inventato la misurazione angolare, stupisce pensare che i Babilonesi avessero già ideato una forma, seppur rudimentale, di cannocchiale [...] la cui esistenza noi qui sosteniamo.»

Con tale sorprendente affermazione Pettinato entra decisamente nell'argomento facendo notare che del cannocchiale abbiamo, probabilmente, precisi riferimenti nelle tavolette in cui gli scribi reali registrarono le consegne agli astronomi di corte di lenti e tubi d'oro; oggetti, questi ultimi, che fanno pensare a un utilizzo per il corpo stesso dei cannocchiali, anche se in alcuni testi il loro numero appare eccessivo rispetto all'impiego ipotizzato. Per quanto riguarda l'utilizzo delle lenti, invece, non c'è alcun dubbio perché nei documenti si precisa che servivano a «ingrandire la pupilla».

L'esistenza di lenti nel mondo preclassico è provata da un celebre ritrovamento, nel 1850, negli scavi effettuati dall'archeologo inglese Austin Henry Layard a Ninive, di una vera lente ora conservata al British Museum di Londra. Si tratta di una lente piano-convessa in cristallo di rocca, con una lunghezza focale di 4,5 millimetri, che all'epoca della scoperta si ipotizzò fosse stata impiegata per leggere, ma non si andò oltre. Questo singolare reperto tornò d'attualità all'inizio degli anni Novanta quando l'assiriologo dell'Università di Udine Frederick Mario Fales e il professor J.N. Postgate pubblicarono la traduzione di un gruppo di tavolette cuneiformi rinvenute negli archivi reali assiri. Tra questi materiali ve ne sono due, del 750 a.C., contenenti la registrazione di materiali preziosi dove sono menzionate alcune lenti e non meglio precisati «tubi d'oro».

Il primo documento (n. 64) è rappresentato da un piccolo frammento triangolare di tavoletta iscritta su due facce che elenca materiali preziosi tra cui bracciali e pettorali d'oro, oggetti d'avorio e d'argento e che, alla tredicesima riga, indica «1 lente

Figura 21. Marduk, il sovrano degli dèi assiro-babilonesi, assimilabile a Giove, fu identificato con il più grande pianeta del Sistema solare.

levigata»; quindi prosegue l'elenco di materiali preziosi per poi indicare ancora «1 lente» alla terza riga del rovescio della tavoletta.

Il secondo reperto (n. 72) è costituito da una tavoletta di maggiori dimensioni che presenta una grossa lacuna dovuta a una scheggiatura. Anche in questo caso il testo enumera manufatti di pregio e alla quindicesima riga registra «1 lente con tubi d'oro», alla riga successiva «2 lenti». A fine documento l'antico scriba conclude la sua lista tirando le somme: «In tutto, 34 braccialetti, 15 collane, 4 lenti». Probabilmente la quarta lente era citata nella parte rovinata della tavoletta, ma è curioso che nel totale lo scriba non menzioni tubi d'oro, che pure compaiono nell'elenco.

La registrazione di «tubi d'oro» associati a lenti fece naturalmente pensare a elementi di telescopi ma i tubi menzionati in entrambi i documenti sono alcune centinaia e ciò rende davvero improbabile che si tratti di parti di strumenti ottici.

Di fatto, la scoperta delle «bolle di consegna» di lenti e tubi, oltre all'esistenza della lente di Ninive, e di altre di cui diremo più avanti, ripropone il problema della possibile esistenza di telescopi in epoca neoassira. A sostegno della sua tesi, Pettinato fa notare che i Babilonesi effettuavano sistematiche osservazioni di Venere già dal XVI secolo a.C. e che gli Assiri descrivevano il pianeta Saturno circondato da un «anello di serpenti»; immagine letteraria che sembra suggerita dall'osservazione degli anelli di Saturno attraverso uno strumento ottico. La replica piuttosto sbrigativa di chi nega l'esistenza di telescopi in epoca così antica è stata che «gli Assiri vedevano serpenti ovunque» e che la lente di Ninive ha caratteristiche del tutto inadeguate a un impiego come quello proposto da Pettinato.

In effetti la lente rinvenuta da Leyard non è adatta allo scopo, ma non è l'unica lente trovata dagli archeologi. Anzi, negli ultimi anni decine di lenti, anche con ottime caratteristiche, sono state rinvenute in diverse località archeologiche del bacino mediterraneo.

«L'uso, nell'antichità classica, di lenti per ingrandire le immagini [...] è stato spesso negato, ma oggi, anche se abbiamo pochi e dubbi riferimenti letterari, appare più che probabile sulla base dell'evidenza archeologica», ha scritto il matematico e storico della scienza Lucio Russo, dell'Università Tor Vergata di Roma. «Gli archeologi hanno trovato oggetti interpretabili come lenti in diversi siti: in particolare a Tiro, a Pompei, a Cnosso e nel Fayum, in Egitto. Anche se le lenti trovate a Pompei (sin dal XVIII secolo) e in altri siti sono state spesso interpretate come monili e in altri casi si tratta probabilmente di strumenti di accensione, la buona qualità di alcune delle lenti trovate di recente lascia pochi dubbi sul loro uso come lenti di ingrandimento. In particolare una delle lenti piano-convesse trovate a Creta nell'ottobre del 1983 poteva ingrandire efficacemente fino a sette volte e portava ancora visibili i segni della molatura. Nel museo di Iraklion, a Creta, sono in mostra ventitré lenti, alcune delle quali di ottima qualità, e altre sono nei depositi del museo. Alcuni dei ritrovamenti, come quelli di Cnosso, risalgono all'età del bronzo e mostrano che la tecnologia delle lenti (che si era completamente perduta nell'Alto Medioevo europeo) era in realtà antichissima.»

Quindi Lucio Russo ricorda un'importante testimonianza di Strabone, finora trascurata. «Per accettare che nell'antichità fossero state usate lenti di ingrandimento occorre superare una difficoltà: la scarsità di riferimenti letterari a tali soggetti. Abbiamo visto, tuttavia, che le fonti tacciono anche su altri prodotti tecnologici la cui esistenza è certa. [...] Pochi sono disposti a prendere in considerazione la possibile esistenza di antichi cannocchiali. Si tratta però, come vedremo, di un'ipotesi che, se non altro, spiegherebbe i molti riferimenti medievali, scritti e iconografici, a un oggetto che usualmente si pensa che sarebbe stato inventato secoli più tardi. A suo sostegno diretto si può citare il passo in cui Strabone accenna alle 'canne' o 'tubi' con cui si può ottenere un ingrandimento dell'immagine grazie alla rifrazione di raggi visuali e forse anche a un passo di Gemino che spiega come gli addetti al rilevamento, che usavano diottre [qualsiasi strumento munito di uno o più traguardi forati attraverso cui osservare, N.d.A.], si basassero a volte sul fenomeno della rifrazione. La congettura che diottre con lenti (ossia, essenzialmente, cannocchiali) fossero presenti nel mondo greco appare molto azzardata, ma tale possibilità diventerebbe meno peregrina se fosse confermata l'ipotesi di Giovanni Pettinato, secondo il quale questi strumenti erano stati usati già da astronomi mesopotamici [...].»

Uno dei più convinti fautori del telescopio babilonese è George A. Kyrala il quale nel 1972 ne ipotizzò l'esistenza partendo da un'osservazione tanto semplice quanto suggestiva. Di fatto, Kyrala sostenne che, grazie all'impiego di un rudimentale telescopio, i mesopotamici sarebbero riusciti a valutare con una certa precisione la dimensione dei cinque pianeti da loro conosciu-

Figura 22. Scena di culto davanti a una statua della dea Ishtar. Incisione su un sigillo cilindrico del periodo Neo-Assiro (721-606 a.C.).

ti, e avessero anche messo a punto una teoria eliocentrica ben prima che il greco Aristarco la proponesse, senza successo, nel III secolo a.C.

«In effetti gli specialisti hanno trascurato una prova molto particolare», scrive Kyrala, «se i Babilonesi battezzarono Giove, il più grande pianeta del Sistema solare, con il nome del loro dio supremo Marduk, devono averlo fatto sapendo che Marduk-Giove era il pianeta più grande tra i cinque che conoscevano. Ma come facevano i Babilonesi a saperlo senza l'uso del telescopio? Per capire meglio il problema bisogna sapere che Giove non è né il pianeta più luminoso né il pianeta col diametro angolare apparente più grande. Inoltre Giove resta al di sotto del limite di risoluzione angolare per l'occhio nudo con il diametro angolare gioviano che varia da 30 a 50 secondi di arco, in base alla sua distanza dalla Terra quando è nella sua orbita. [In astronomia il diametro angolare, o dimensione angolare, di un oggetto è la misura del suo diametro rispetto alla distanza dall'osservatore, *N.d.A.*]

«L'occhio nudo», prosegue Kyrala, «non è capace di distinguere una differenza angolare inferiore a 1 minuto di arco [...]. Perciò qualsiasi oggetto celeste che, sia per le sue dimensioni limitate, sia per la sua enorme distanza da noi, sottende un angolo di meno di un sessantesimo di grado, apparirà come un puntino privo di qualsiasi struttura identificabile. Ciò significa che Giove appare come un puntino che è fonte di luce (riflessa). Questo vale per tutti i pianeti, se non osservati con un telescopio per ingrandire i loro diametri angolari apparenti.

«Ne consegue che i Babilonesi devono aver avuto un telescopio anche per rilevare le dimensioni apparenti dei pianeti; ma ci vuole qualcosa di più per confrontare le dimensioni effettive, visto che quelle apparenti sono determinate dalla distanza tra la Terra e il pianeta, mentre quelle effettive non tengono in considerazione questa distanza. Se i Babilonesi sono riusciti a capire che Giove-Marduk era effettivamente il più grande, devono aver potuto confrontare non solo il suo diametro angolare, ma anche la sua distanza dalla Terra con i dati relativi agli altri pianeti allora conosciuti, cioè Mercurio, Venere, Marte, e Saturno. Pertanto, se i Babilonesi hanno imposto il giusto nome a Giove-Marduk, dobbiamo anche dedurre che non solo erano in possesso di telescopi, ma erano anche a conoscenza di una ragionevole teoria per calcolare le distanze planetarie. Sapendo che i Babilonesi non avevano una conoscenza approfondita delle sezioni coniche, non dobbiamo pretendere che questa teoria abbia un livello di sofisticazione paragonabile a quella di Keplero delle orbite planetarie; ma poiché erano a conoscenza del cerchio, questa forma più semplice di una curva chiusa deve essere stata alla base della loro teoria.»

A questo punto del testo, l'astrofisico americano affronta la dimostrazione scientifica della sua rivoluzionaria ipotesi, quindi si avvia alla conclusione constatando che «la denominazione di Giove come Marduk da parte dei Babilonesi deve essere avvenuta già nel 1500 a.C. e, comunque, sicuramente non più tardi del 500 a.C., quando i loro astronomi avevano informazioni precise sui periodi di rivoluzione dei pianeti (durata degli anni planetari). Incidentalmente questi dati, che sono frutto di osservazioni, fornirono ai Babilonesi un metodo primitivo per dedurre l'ordine dei pianeti rispetto al Sole. Quando furono in possesso di una teoria eliocentrica, era naturale supporre che più erano lunghi i periodi dei pianeti, più erano distanti dal Sole».

Infine Kyrala cerca di spiegare perché in Mesopotamia non ci siano documentazioni letterarie sull'esistenza di telescopi (teniamo presente che le tavolette con la citazione delle lenti e dei tubi consegnati all'astronomo della corte assira sono state tradotte e pubblicate solo nel 1992, cioè vent'anni dopo il testo di Kyrala). «Il lettore potrebbe chiedersi come mai i Greci non sapevano nulla dei telescopi babilonesi. Per capire questo occorre rendersi conto che gli intellettuali babilonesi formavano una specie di clero vincolato alla segretezza con nessun obbligo di pubblica diffusione delle loro conoscenze. Molte delle loro tavolette cuneiformi erano 'riservate' e potevano essere mostrate solo agli *informati*, quelli con 'necessità di sapere' [...]. Di conseguenza, non fu facile per i Greci scoprire quello che avevano fatto i Babilonesi. Per non parlare della scarsa letteratura e la barriera linguistica. In ogni caso, il fatto che Tolomeo e probabilmente anche Ipparco fecero i loro calcoli astronomici usando il sistema sessagesimale dei Babilonesi è la prova che i Greci erano a conoscenza del sapere babilonese.

«Dopo aver osservato i pianeti attraverso i telescopi», conclude Kyrala, «fu naturale per gli astronomi babilonesi considerare la Terra approssimativamente sferica come tutti gli altri pianeti. Ma attualmente non sappiamo se le loro idee influenzarono Eratostene, il quale calcolò la dimensione della Terra, o il coraggioso tentativo di Aristarco di calcolare la distanza Terra-Sole.»

La tesi di Kyrala non trovò molti consensi tra astronomi e storici dell'astronomia ma oggi abbiamo nuove e importanti testimonianze archeologiche come le «bolle di consegna» delle lenti e dei tubi d'oro, oltre a decine di lenti di cristallo di ottima qualità; a questo si aggiunge una rilettura, con occhio meno distorto da preconcetti, delle poche testimonianze letterarie di epoca classica. Tutti elementi che sarebbero in grado di riaprire il dibattito sulla possibile esistenza dei telescopi babilonesi.

Cane Maggiore

Sirio e le nane bianche

Il Cane Maggiore appartiene all'emisfero australe. In questa costellazione la fantasia degli antichi vedeva uno dei cani del cacciatore Orione; l'altro è il Cane Minore, un poco più a nord del primo e a est di Orione. Il Cane Maggiore è famoso perché ne fa parte Sirio, la stella più splendente del cielo, di colore bianco e temperatura superficiale di circa 10.000 gradi. È una delle stelle più vicine a noi, a 8,8 anniluce, e anche da questo dipende il suo grande splendore. Se Sirio fosse alla stessa distanza di altre due brillanti stelle di Orione, l'azzurra Rigel, situata a più di 800 anniluce, e la rossa Betelgeuse, a 650 anniluce, ci accorgeremmo che Sirio è circa 2.500 volte più debole di loro.

Sirio ha un posto di rilievo nella storia dell'astronomia anche perché ha fatto scoprire l'esistenza di una classe speciale di stelle: le nane bianche. L'astronomo tedesco Friedrich Wilhelm Bessel (1784-1846), che nel 1838 ha effettuato la prima misura diretta della distanza di una stella – 61 Cygni – usando il metodo delle parallassi trigonometriche, nel corso delle sue osservazioni dei moti propri stellari si accorse che Sirio non si muoveva in linea retta, ma descriveva un cammino leggermente ondulato.

Bessel capì che ciò era dovuto alla presenza di una compagna molto più debole e che le ondulazioni erano dovute alla combinazione del moto proprio col moto orbitale attorno al baricentro del sistema formato dalle due stelle. Il grande splendore di Sirio, però, rendeva difficile scorgere la compagna. Ci riuscì un costruttore di telescopi di nome Alvan Clark il quale, mentre stava controllando le ottiche di un nuovo telescopio, intravvide una debole stellina biancastra, che risultò circa 11.000 volte più debole di Sirio. L'effetto è lo stesso che si otterrebbe mettendo una lampada da 10.000 watt accanto a una da meno di 1 watt: quest'ultima non sarebbe in assoluto individuabile. Malgrado sia così debole è in grado di disturbare in modo ben misurabile il moto dell'altra. Dalla misura dei moti delle due stelle si poté determinare le loro masse e la sorpresa fu che la massa della debole stellina era circa eguale a quella del Sole, mentre la grande maggioranza delle stelle obbedisce a una relazione fra massa e luminosità tale che le stelle più luminose sono anche quelle di massa maggiore. Ma non basta: il colore bianco della debole stella, in tutto simile a quello dello splendente Sirio, indicava che esse avevano circa la stessa temperatura superficiale. Ma lo splendore dipende dalla temperatura e dall'area della superficie raggiante, quindi si poteva dedurre che la compagna di Sirio era molto piccola, all'incirca quanto la Terra. Dunque una massa grande come quella del Sole era racchiusa in un volume uguale a quello della Terra! Ne risultava che la stellina aveva una densità enorme, circa un milione di volte la densità media del Sole, che è 1,41 volte la densità dell'acqua.

Tutte le stelle conosciute fino ad allora avevano densità paragonabili a quella del Sole o anche molto più basse; valori delle temperature e densità stellari indicavano chiaramente che le stelle sono palloni completamente gassosi. Ma allora di cosa era fatta la compagna di Sirio? A complicare le cose furono trovate altre stelle con simili altissime densità, come la compagna di Procione e di 40 Eridani. Furono chiamate «nane bianche» per il loro colore e le loro piccole dimensioni. Se, con un cucchiaino, potessi estrarre da una nana bianca un centimetro cubico di materia, troverei che pesa più di una tonnellata.

Anche il nostro Sole finirà la sua vita sotto forma di nana bianca, ma prima diventerà una gigante rossa. Queste trasformazioni dipendono dal fatto che il Sole irraggia continuamente luce e calore, frutto delle reazioni nucleari che avvengono nel suo interno. Oggi il Sole ha un'età di circa 5 miliardi di anni: potremmo dire che è nella sua piena maturità, più o meno a metà della sua vita. Si è formato sotto l'azione della forza di gravità, che rappresenta la «levatrice» delle stelle, delle galassie, di tutti gli agglomerati di materia che incontriamo nell'universo; è nato in una grande «incubatrice» di stelle, una nube del mezzo interstellare. Lo spazio fra stella e stella, nella nostra Via Lattea, ha una bassissima densità, meno di un atomo per centimetro cubico, cioè circa un milionesimo di miliardesimo di miliardesimo della densità dell'acqua, ma ci sono sparpagliate, specialmente lungo le braccia spirali, delle nubi di gas e minuscole particelle solide – le polveri – di diametro inferiore al micron, composte di ghiaccio, grafite, silicati, dove la densità è anche un migliaio di volte superiore a quella dello spazio interstellare. Lì dentro lavora la gravità, addensando materia attorno a qualche grumo formatosi casualmente nella nube; più materia si addensa attorno al grumo iniziale e più ne attrae altra che la forza di gravità comprime, riscaldandola. Un fisico inglese, James Jeans, all'inizio del XX secolo mostrò che se la massa del grumo iniziale supera un certo limite tanto maggiore quanto maggiore è la temperatura e minore la densità, esso tende a crescere a spese delle regioni vicine, mentre se è sotto questo limite si dissolve. La temperatura al centro del grumo è misurata dalla velocità di agitazione termica delle particelle; questa esercita una pressione che tende a opporsi al collasso di materia. Quando la pressione diventa eguale e contraria alla forza di gravità, il collasso si arresta e nasce la stella. Quando questo avviene, la temperatura al centro è sufficientemente alta perché si possano innescare le reazioni nucleari che trasformano quattro nuclei di idrogeno in un nucleo di elio.

Dopo 5 miliardi di anni, buona parte dell'idrogeno nel centro del Sole si è trasformato in elio, ma fra altri 5 miliardi di anni tutto l'idrogeno si sarà trasformato in elio e ciò comporterà una grossa modifica nella struttura della nostra stella. Alla temperatura attuale del centro, di circa 13 milioni di gradi, l'elio è inerte: questo significa che il Sole rimarrà senza combustibile nucleare e comincerà a raffreddarsi. La pressione del gas al centro non sarà più sufficiente a controbilanciare il peso della massa sovrastante, che comincerà a cadere verso il centro comprimendolo e riscaldandolo. Quando la compressione avrà innalzato la temperatura fino a circa 100 milioni di gradi l'elio potrà iniziare a trasformarsi in carbonio e a produrre energia. Ma nelle reazioni nucleari la produzione di energia cresce rapidamente al crescere della temperatura. Il nostro Sole, per non esplodere, dovrà irraggiare tutta l'energia prodotta, cioè dovrà aumentare la sua superficie, attraverso la quale dissipa l'energia nello spazio interplanetario. I calcoli indicano che il raggio del Sole aumenterà di 100 o addirittura 200 volte; Mercurio, Venere e forse anche la Terra verranno inghiottite dal Sole. Ma questa grande espansione produce una forte diminuzione di densità e di temperatura di gran parte della stella, che diventa di colore rossastro. Per tale caratteristica e per le sue dimensioni, una stella di questo tipo è detta «gigante rossa».

A causa della bassa densità questo enorme inviluppo esterno avvolge la parte più interna e densa formando una nebulosa planetaria, nome usato per la prima volta dall'astronomo William Herschel nel 1785. Il termine «planetaria» non ha nulla a che vedere con i pianeti e deriva dal fatto che i modesti telescopi del 1700 vedevano dei dischetti apparentemente simili ai pianeti. Esamineremo questo tipo di oggetto nella costellazione del Dragone. Per ora è sufficiente sapere che la nebulosa andrà lentamente evaporando nello spazio e alla fine, del nostro Sole, resterà il caldo e piccolo nocciolo centrale: il Sole sarà diventato una nana bianca, senza più fonti di energia nucleare, ma seguiterà a irraggiare il suo calore, impiegando miliardi di anni per raffreddarsi completamente e diventare una nana nera. Sarà come un cadavere ancora caldo, di gas ad altissima densità.

Mentre nelle fasi precedenti della sua vita il gas che compone la stella è nelle condizioni di gas «perfetto», cioè tale che il raggio medio di un atomo o di una molecola è trascurabile rispetto alla distanza media fra una particella e l'altra, nella nana bianca il gas diventa «degenerato». Ciò significa che il suo comportamento è simile a quello di un solido. In un gas normale, la pressione che esso esercita è proporzionale alla temperatura. Se la temperatura diminuisce anche la pressione diminuisce; la gravità prende il sopravvento, comprime il gas e fa rialzare la temperatura fino a ristabilire l'equilibrio fra le due forze opposte. In un gas degenerato, invece, la pressione dipende solo dalla densità. Perciò quando al centro della nana bianca viene esaurito un combustibile nucleare, per esempio l'idrogeno, il centro si raffredda ma la pressione del gas non cambia e quindi non avviene quella compressione in grado di far aumentare la temperatura e innescare un altro combustibile nucleare, per esempio l'elio.

Lo stato degenerato si verifica a densità tanto più basse quanto più bassa è la temperatura. Stelle di massa pari a un decimo di quella del Sole diventano degenerate mentre stanno ancora bruciando l'idrogeno. Una volta esaurito, non potranno contrarsi per innescare l'elio e diventeranno nane bianche. Stelle un po' più grosse del Sole, riusciranno a innescare altre reazioni nucleari, una volta esaurito anche l'elio, prima di diventare nane bianche, mentre quelle aventi una massa superiore a circa 8 volte quella del Sole avranno una fine diversa, una fine esplosiva di cui parleremo quando incontreremo qualche supernova o resto di supernova.

È stato un grande fisico indiano, Subrahmanyan Chandrasekhar a dimostrare che una nana bianca non può superare la massa di 1,44 volte la massa del Sole. Se supera questo limite, il gas degenerato non è in grado di sostenere la massa eccedente e collassa fino a divenire una stella di neutroni, nel caso la massa non superi le tre masse solari, e un buco nero nel caso la massa sia ancora più grande. È quello che succede nelle fasi finali di stelle molto più grosse del Sole. Ne segue che le stelle di masse comprese fra circa 1,44 e 8 volte la massa del Sole emettono una gran quantità di materia, a formare la nebulosa planetaria.

Corre fra amori, tradimenti e tragedie

La costellazione del Cane Maggiore è dominata dalla stella Sirio, la più brillante di tutto il cielo, nota anche come Stella del Cane. Sul perché di questa associazione, gli Egizi, che la indicavano con un geroglifico raffigurante un cane, davano una spiegazione più convincente di altre. Il popolo del Nilo aveva notato che quando all'alba la luce della stella precedeva nel cielo quella del Sole, era segno che stava per iniziare la benefica piena del fiume: questo «far da vedetta» come un cane da guardia fece identificare Sirio come la Stella del Cane.

Attorno al 2200 a.C., però, a causa della precessione degli equinozi, Sirio perse la funzione di annunciare il solstizio d'esta-

lepus

Figura 23. Grazie a un dono divino la Lepre poteva sfuggire a qualsiasi cane, ma questa sua caratteristica entrò in contrasto con quella del Cane Maggiore.

te e, dalla metà del I millennio, attorno al 24 luglio cominciò ad apparire assieme al Sole, dando inizio al periodo più caldo dell'anno, che Greci e Romani conoscevano come i Giorni del Cane: la canicola estiva, appunto.

Ma riguardo alla stella Sirio c'è da notare un fatto difficilmente spiegabile. L'astronomo arabo Al Sufi indica Sirio come Schira al-Abuz, cioè «Sirio che ha attraversato», e riporta un antico mito dei nomadi del deserto secondo i quali la stella dovette attraversare la Via Lattea per raggiungere la regione celeste più a sud. La cosa sorprendente è che gli astronomi dei nostri giorni, studiando il lentissimo moto della stella, hanno scoperto che negli ultimi sessantamila anni Sirio ha dovuto effettivamente attraversare la Via Lattea da una parte all'altra. Come lo sapessero i nomadi del deserto è un mistero, salvo l'improbabile ipotesi che l'umanità osservi il cielo fin da un'epoca così lontana e abbia notato la migrazione di Sirio, conservandone la memoria.

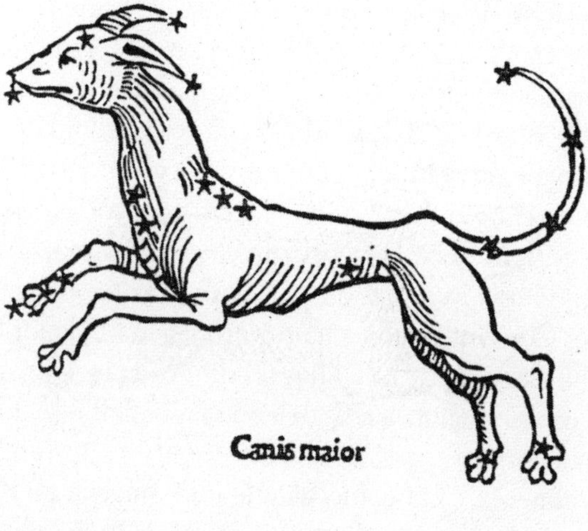

Figura 24. Il cane Lelapo, donato a Cefalo da Aurora, fu sistemato in cielo assieme alla Lepre quando Giove decise di interrompere l'inseguimento.

Con una stella tanto eccezionale e brillante tra le ganasce, il Cane Maggiore ha anche parecchie storie da raccontare, compresa quella tutta amori e tradimenti di Cefalo, bellissimo figlio di Eolo, il dio dei venti, grande cacciatore che fece innamorare Aurora, la dea dalle dita rosate.

La dea lo assillava, ma Cefalo sfuggiva, cosicché Aurora cercò di far leva sulla passione venatoria del giovane promettendogli, in cambio del suo amore, un regalo straordinario: Lelapo, un cane superveloce al quale nessuna preda poteva sfuggire. Desolato e triste, Cefalo spiegò il suo rifiuto raccontando alla dea di essere molto innamorato di sua moglie Procri, e del patto di reciproca fedeltà che li legava. Aurora ascoltò e, nel tentativo di far breccia nelle difese del cacciatore, insinuò maliziosamente che non poteva sapere che cosa facesse la donna mentre lui era a caccia. Cefalo rimase perplesso e quando Aurora gli propose di verificare la fedeltà della moglie con uno stratagemma, accettò. La dea allora lo trasformò in un ricchissimo mercante e in quelle vesti si presentò a Procri offrendole oro e gioielli in cambio dei suoi favori. Sul momento Procri tentennò, ma non troppo, e Cefalo poté sperimentare di persona quanto fossero precarie le virtù della moglie. Deluso, ma liberato dal giuramento di reciproca fedeltà, Cefalo tornò immediatamente da Aurora, accettò in regalo il cane Lelapo e ringraziò la dea nel più caloroso dei modi.

Tornato a casa come se niente fosse accaduto, Cefalo riprese la vita di tutti i giorni e tra una caccia e l'altra venne a sapere che dalle parti di Tebe, una città greca della Beozia, correva una lepre a cui gli dèi avevano dato il dono di poter sfuggire a qualsiasi cane. Convinto della superiorità del suo Lelapo, Cefalo lo lanciò all'inseguimento dell'imprendibile lepre che, in effetti, appena veniva raggiunta sfuggiva alle fauci dell'inseguitore e riprendeva a correre.

Naturalmente c'era qualcosa che non andava: gli dèi avevano concesso ai due animali speciali caratteristiche che entravano in conflitto tra loro. Giove se ne rese conto e per risolvere il problema sospese la gara e collocò in cielo sia il cane sia la lepre, dando a ciascuno la sua costellazione. Da allora il Cane Maggiore continua a inseguire la Lepre, che corre proprio vicino a lui, ma senza mai azzannarla davvero.

Sistemata così la questione, la storia prepara un tragico finale. Nel tentativo di far pace col marito, Procri gli regalò un giavellotto magico che non mancava mai il bersaglio. Ma la fiducia tra i due s'era ormai incrinata, e la donna sospettava che le lunghe assenze venatorie del marito nascondessero in realtà incontri amorosi con la disinibita Aurora.

Così, per togliersi il dubbio che l'angustiava, Procri decise di seguirlo di nascosto e vedere come stavano davvero le cose. Mai idea fu più infelice. Pedinò a lungo Cefalo nel bosco finché lui, stanco e accaldato, si fermò sotto un albero invocando a gran voce un soffio di vento in una forma a dir poco ambigua: «Vieni Aura, vieni ottima». Procri, intendendo che il marito stava chiamando l'amante Aurora, non riuscì a trattenere un gemito e Cefalo, pensando a una fiera in agguato, lanciò il suo magico giavellotto che la uccise sul colpo. Scoperto il tragico equivoco, Cefalo si uccise con la stessa arma e Giove, impietosito dalla loro crudele fine, mise tutti e due in cielo, a brillare con il Cane Caggiore, che annuncia l'arrivo dell'Aurora, causa prima del dramma.

LA STORIA

La triste vicenda delle costellazioni estinte

Da qualche anno abbiamo preso confidenza col termine estinzione: estinzione delle specie, estinzione dei dinosauri, prossima estinzione e così via. Pochi però sanno che anche le costellazioni sono state oggetto di estinzioni che alla fine ne hanno ridotto il numero a ottantotto. Nel corso dei secoli, infatti, gli astronomi avevano continuato a battezzarne di nuove fino a creare un insostenibile sovraffollamento celeste sfociato in una serie di espulsioni che condannarono a morte decine di costellazioni un tempo celebri.

Le cause che portarono al surplus di costellazioni furono varie: la smania di protagonismo di tanti astronomi, la piaggeria più o meno spudorata di altri, le motivazioni religiose o le mode del momento; tutti fattori che di volta in volta hanno fatto comparire tra le stelle imperatori e regnanti, apostoli e santi, animali belli e brutti, ingenui simboli del progresso e altre inutili bizzarrie.

Il più celebre inventore di costellazioni adulatrici, poi svanite nel nulla, fu Edmond Halley, lo scopritore dell'omonima cometa, che nel 1677 si inventò la Quercia di Carlo, per ricordare l'albero che offrì un buon nascondiglio a re Carlo II d'Inghilterra, in fuga dopo una battaglia. Ma il più fecondo di tutti fu l'astronomo tedesco Gottfried Kirch che, nel Seicento, ne battezzò almeno quattro decisamente compiacenti. Per ingraziarsi l'imperatore Leopoldo I del Sacro Romano Impero creò la costellazione Pomo Imperiale, il globo tenuto in mano dagli imperatori, comprendente alcune stelle appositamente battezzate con lettere dell'alfabeto in modo che formassero il nome Leopuld. Con un procedimento simile si inventò la costellazione Elettore di Sassonia immaginando due spade incrociate, quindi scelse un gruppetto di stelline senza nome e le battezzò con le lettere adatte a comporre il nome Johan Georg, quello dell'Elettore di Sassonia, appunto.

Quindi si dette da fare per contrastare l'iniziativa di un astronomo francese il quale, in onore di Luigi XIV, aveva creato Sceptrum, che raffigurava lo scettro reale francese e la mano della giustizia; senza troppa fantasia Kirch rispose creando lo Scettro e Mano della Giustizia di stampo germanico. Infine, per ac-

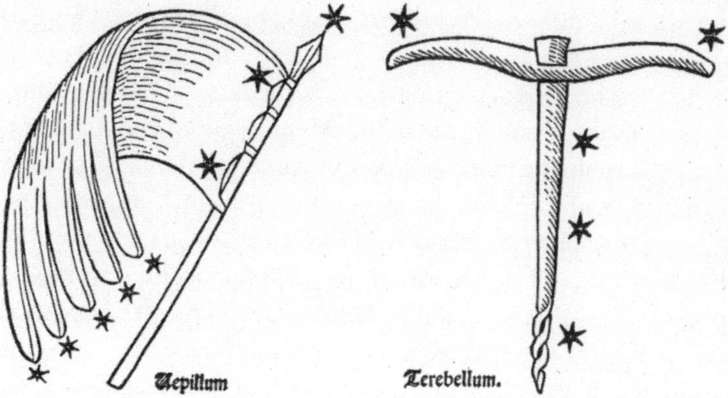

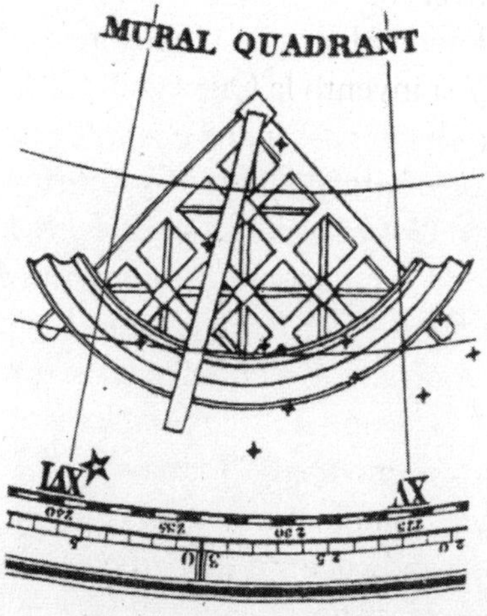

Figura 25. Le immagini qui sopra mostrano tre costellazioni cancellate dalle mappe celesti. Nel corso dei secoli molti astronomi crearono costellazioni solo per far piacere ai potenti di turno o per smania di protagonismo.

cattivarsi in un colpo solo tutta la provincia prussiana del Brandeburgo, dove viveva, l'ineffabile astronomo si inventò lo Scettro di Brandeburgo.

Ma la storia galoppava e principi e imperatori sparivano l'uno dopo l'altro, assieme alle loro costellazioni ruffiane, mentre altre venivano a rimpiazzarle. Il XVII secolo fu particolarmente prolifico in questo senso. Per celebrare il re di Polonia Stanislao Poniatowski e mantenere l'incarico di direttore dell'Osservatorio Reale di Vilna, l'abate polacco Martin Poczobut creò il Toro di Poniatowski; il tedesco Koenig mise tra le stelle il Leone Palatino, disegnando in cielo un leone con la corona e la sigla CTEA, composta dalle iniziali dei nomi di Charles Theodore e di sua moglie Elisabetta Augusta, Elettori di Bavaria; ancora un tedesco, Johann E. Bode, creò le Glorie di Federico in ricordo di Federico il Grande di Prussia.

Figura 26. Nel 1643 Antonio de Rheita credette di vedere un gruppo di stelle che riproducevano il Velo di santa Veronica. Ma lo vide solo lui, e finì lì.

Un po' meno ruffiana delle altre fu l'Arpa di Giorgio (o Salterio di Giorgio), ideata dall'astronomo gesuita austriaco Maximillian Hell per omaggiare Giorgio III d'Inghilerra che aveva protetto William Herschel, scopritore del pianeta Urano.

Diversa l'intenzione dell'astronomo tedesco Julius Schiller, gesuita, che nel 1627 tentò un vero e proprio colpo di Stato buttando giù dal cielo Giove e Cassiopea, il Cancro e il Capricorno, l'Orsa Maggiore e Perseo, e tutti gli altri dèi ed eroi, ninfe e ninfette. Defenestrati in blocco nel tentativo di far dimenticare le antiche storie scollacciate e rendere il firmamento un poco più devoto.

Il proclama di tanta rivoluzione, intitolato *Coelum Stellatum Christianum*, fu pubblicato ad Augusta con eleganti disegnini che raffiguravano i nuovi signori delle stelle. Al posto dei vecchi padroni dello Zodiaco figuravano i dodici apostoli: Pietro (Ariete), Andrea (Toro), Giacomo Maggiore (Gemelli), Giovanni Evangelista (Cancro), Tommaso (Leone), Filippo (Bilancia), Bartolomeo (Scorpione), Matteo Evangelista (Sagittario), Simone (Capricorno), Giuda Taddeo (Acquario), Matteo (Pesci). Il Sole aveva lasciato il posto a Gesù Cristo, la Luna aveva cambiato faccia diventando la Beata Vergine Maria, la sensuale Venere si era travestita da Giovanni Battista, Giove aveva preso il nome di Mosè, Marte era stato soppiantato dal battagliero Giosuè, Mercurio da Elia di Tisbi e Saturno, padre di tutti gli dèi pagani, da Adamo, padre di tutti gli uomini.

Sistemati i principali protagonisti del cristianesimo, il gesuita tedesco mise mano al resto delle stelle col piglio dell'inquisitore, e quello che ne risultò fu un cielo tutto casto e pio: la Nave Argo diventò l'Arca di Noè; il Centauro si trasformò in Abramo e Isacco; Eva occupò lo spazio di Ape, Mosca e Camaleonte; il Tucano, l'Idra e la Grande Nube di Magellano lasciarono il posto al Serpente sconfitto dall'Arcangelo Gabriele; l'Orsa Maggiore fu soppiantata dalla Barca di Pietro, la vanitosa regina Cassiopea fu esiliata da Maria Maddalena.

Ma a volte anche le rivoluzioni fatte con le migliori intenzioni non attecchiscono; infatti preti e beghine continuarono a vedere tra le stelle solo divinità pagane, nel loro Olimpo godereccio.

Nonostante l'insuccesso di Schiller, pochi anni dopo ci fu un nuovo tentativo, fallito anche quello, di mettere Cristo tra le stelle. Ne scrisse con qualche ironia anche il celebre astronomo francese dell'Ottocento Camille Flammarion: «...nell'anno di grazia 1643 il cappuccino Antonio de Rheita s'è immaginato di vedere (e sì che si era costruito un telescopio!) una tale combinazione di stelle da riprodurre esattamente il volto di Gesù sul velo della Santa Veronica: 'Sudarium Veronicae sive faciem Domini *maxima similitudine* in astris expressum' [...]. Io esaminai più volte al telescopio questa regione del Cielo, ma vi confesso di non aver mai saputo trovare nulla che potesse anche lontanamente ricordare le tradizionali sembianze di Cristo».

Delle costellazioni del cielo cristianizzato non vi è più traccia, come di quelle a soggetto zoologico inventate, forse per far-

Figura 27. Ecco come il gesuita tedesco Julius Schiller, che nel 1627 propose un cielo tutto cristianizzato, vide la Croce del Sud in grembo a sant'Elena.

si beffe degli astronomi, dal naturalista inglese John Hill. Questi, verso la metà del Settecento, battezzò tredici nuove costellazioni con nomi di animali, non tutti di gradevole aspetto, come la Sanguisuga, il Lombrico, il Ragno, il Rospo, il Lumacone e l'Uranoscopus, un pesce dagli occhi sporgenti che ricorda certi pesciolini (perioftalmi) capaci di uscire dal mare per arrampicarsi sulle radici delle mangrovie. La proposta fu accolta dagli astronomi come una fastidiosa provocazione, e gli animali di Hill furono scacciati dal cielo. Stesso destino fu riservato ai Capretti, al Fenicottero, all'Ape, alla Mosca, alla Renna, alla Tartaruga, al Gatto, allo Scoiattolo Volante, agli Uccelli e al Cammello che scesero dal cielo per tornare nel regno animale.

Una sorte particolare toccò al Solitario, la costellazione introdotta nel 1776 e intitolata al Dodo, l'uccello non volatore estinto dell'Isola di Rodriguez, nell'Oceano Indiano. Per un errore di traduzione questo uccello fu dapprima confuso col Tordo Solitario delle Filippine, poi col Tordo Beffeggiatore, infine con la Civetta. Tutti estinti, come il Dodo.

Mentre gli animali celesti sparivano l'uno dopo l'altro, i navigatori europei del Secolo dei Lumi esploravano i Mari del Sud e scoprivano nuovi cieli e una quantità di costellazioni tutte nuove che, data l'epoca, risentirono non poco dell'entusiasmo per i progressi della scienza e della tecnica. Con risultati discutibili.

Il più fecondo assertore del cielo tecnologico fu il già citato Johann E. Bode che, nel suo atlante stellare pubblicato nel 1801, battezzò un gruppetto di costellazioni, tanto improbabili quanto effimere:

- Solcometro e Sagola: strumenti utilizzati per misurare le distanze percorse in mare; fu posizionata accanto a quella della Bussola, altro strumento prezioso per i marinai.
- Macchina Elettrica: un generatore elettrostatico che all'epoca era considerato la meraviglia delle meraviglie.
- Officina Tipografica: fu messa tra le stelle per commemorare

il 350° anniversario dell'invenzione della stampa con caratteri mobili da parte di Gutenberg.

- Mongolfiera: suggerita a Bode da Joseph-Jérôme de Lalande, in omaggio ai fratelli Montgolfier che nel 1783 avevano fatto volare nel cielo di Versailles il loro pallone gonfiato con a bordo una pecora, un'oca e un galletto.

Anche queste finirono nel cimitero delle costellazioni assieme al Telescopio di Herschel (Grande e Piccolo), all'Apparato Chimico, alla Batteria di Volta, alla Macchina Pneumatica, alla Livella, al Triangolo Minore e al Quadrante Murale.

Tutti strumenti utili ma incapaci di raccontarci storie belle come quelle inventate dagli antichi.

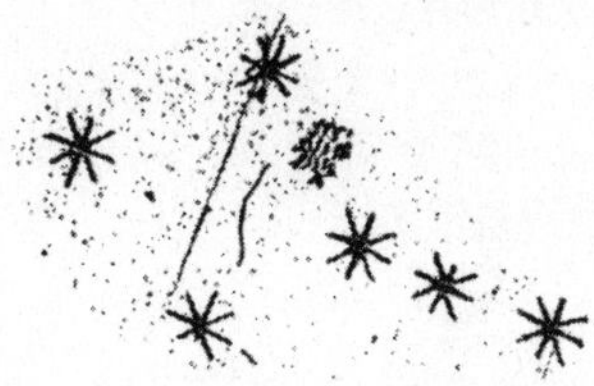

Cani da Caccia

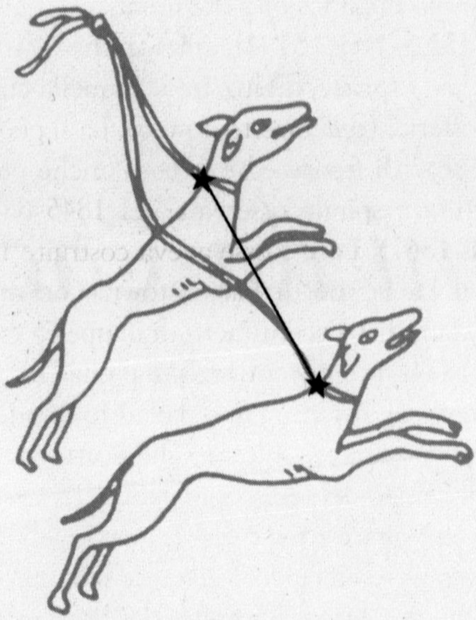

La Galassia Vortice

La costellazione dei Cani da Caccia si trova fra l'Orsa Maggiore e il Bifolco ed è alla massima altezza sull'orizzonte all'inizio di aprile, a mezzanotte.

L'oggetto più bello visibile in questa costellazione è la galassia spirale M51 (o NGC 5194), detta anche Galassia Vortice per la sua struttura a spirale, molto simile a quella che si osserva nei vortici atmosferici (*vedi* inserto, foto 6). La si può osservare quasi perfettamente di fronte ed è famosa anche perché è stata la prima struttura a spirale osservata nel 1845 da Lord William Rosse (1800-1867). Lord Rosse aveva costruito il primo grande telescopio, il Leviatano di Parsonstown, con uno specchio di metallo lucidato di 183 centimetri di diametro contenuto in un tubo lungo 18 metri e sostenuto da due pilastri di pietra, alti 15 metri, a 7 metri di distanza l'uno dall'altro. Non era orientabile e quindi poteva osservare soltanto gli oggetti che venivano portati dentro il campo del telescopio dalla rotazione della Terra.

La Galassia Vortice è forse una delle più belle spirali ed è caratteristica per avere una piccola galassia satellite – NGC 5195 –, che è praticamente attaccata a uno dei bracci spirale, quasi ne fosse la continuazione, ed è considerata di forma irregolare. In realtà non è proprio irregolare e presenta un accenno di barra allungata e una debole struttura spirale. Il sistema dista da noi circa 20 milioni di anniluce. M51 ha un diametro di 67.000 anniluce e una massa pari a 50 miliardi di soli. Malgrado sia più piccola della Via Lattea è alcune volte più luminosa, perché la popolazione delle sue braccia spirali è prevalentemente formata da raggruppamenti di brillanti giovani stelle azzurre – ciascuna circa diecimila volte più brillante del Sole, con una temperatura superficiale di circa 10.000-20.000 gradi –, e da estese, luminose nubi di gas idrogeno eccitato dalle stelle che vi sono immerse.

La piccola galassia satellite orbita attorno a M51 e gli effetti mareali che esercitano l'una sull'altra possono aver favorito la formazione accelerata di un gran numero di stelle.

IL MITO

Prima dei segugi brillava il cuore di un re

Nel 1687, l'astronomo polacco Johannes Havelke, latinizzato Hevelius, impegnato a disegnare il suo celebre atlante celeste, pensò che la zona di cielo compresa tra la costellazione del Bifolco (*Bootes*) e quella dell'Orsa Maggiore era troppo vuota e così decise di occuparla con una nuova costellazione nella quale comprendere anche la stella Cor Caroli (Cuore di Carlo). Detto fatto, la battezzò costellazione dei Cani da Caccia (*Canes Venatici*).

Non è chiaro perché scelse due cani e soprattutto non si capisce quale ruolo avessero questi animali apparentemente lanciati verso l'Orsa Maggiore, ma tenuti al guinzaglio dal Bifolco, tant'è vero che per spiegarlo occorrerebbe capire prima chi era in realtà il loro padrone. Ma non è facile, perché esistono almeno tre possibili interpretazioni: se Bifolco era un pastore, i cani al guinzaglio potrebbero essere stati messi lì per tenere lontano dal gregge la pericolosa Orsa Maggiore; se invece Bifolco era un cacciatore, i cani erano certamente impegnati a inseguire l'Orsa come una preda; infine, se Bifolco era il guardiano dell'Orsa, che secondo una tradizione araba era sempre inseguita da un branco di lupi, i cani erano lanciati verso di lei per difenderla dall'attacco delle bestiacce.

In realtà dietro l'enigmatica figura del Bifolco si celerebbe un'inaspettata nobiltà dalle lontanissime origini. Il suo nome greco, *Bootes*, deriva infatti dal sumero *Riv-but-san*, ovvero «l'uomo che guidava il grande carro», e oggi si fa notare che se tornassimo al cielo del VI millennio a.C. troveremmo la figura del Bifolco vicina al Polo Nord e accanto alla sua testa vedremmo Arturo, la stella più luminosa della costellazione e la prima ad apparire nel cielo stellato dopo il tramonto.

Insomma, sotto le spoglie del Bifolco, ci sarebbe un vero principe del cielo sumerico, probabilmente un Atlante che sosteneva il cielo girando attorno al Polo Nord col suo grande carro.

Col tempo, la precessione degli equinozi provvide a far migrare la costellazione del Bifolco e lentamente rese incomprensibile questa arcaica figura che trapassò nel cielo greco con in-

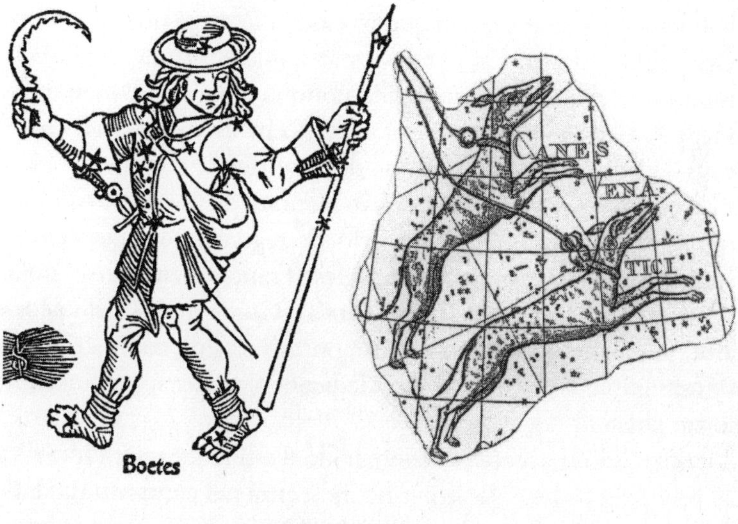

Figura 28. La costellazione dei Cani da Caccia fu creata nel 1687 dall'astronomo polacco Hevelius, che consegnò i due animali al Bifolco.

certe funzioni. Ciò spiega la difficoltà a capire il ruolo di quei cani che Hevelius consegnò al Bifolco.

Prima che l'astronomo polacco creasse la costellazione dei Cani da Caccia le cose stavano in tutt'altro modo.

Il 29 maggio 1660, Carlo II d'Inghilterra era rientrato a Londra e aveva restaurato la monarchia riprendendosi il trono di suo padre, Carlo I, che nel 1648 era stato deposto e nell'anno successivo decapitato dai rivoluzionari di Oliver Cromwell. Proprio la notte del ritorno di Carlo II, il medico di corte e astronomo a tempo perso Sir Charles Scarborough disse di aver visto una stella brillare di una luce del tutto speciale, e qualcuno sostenne addirittura che, accanto a quell'astro così ossequioso, il dottore reale avesse visto chiaramente anche il cuore palpitante di Carlo I. Sir Scarborough non smentì la voce e battezzò la stella Cor Caroli, Cuore di Carlo, riferendosi al re decapitato.

Quanti siano stati gli astronomi pronti a vedere in cielo qualsiasi cosa pur di assecondare i loro megalomani sovrani l'abbiamo già detto, ma in questo caso ci fu quasi una gara a inginocchiarsi davanti al potere. Infatti, qualche anno dopo, Edmund Halley, scopritore dell'omonima cometa e ineffabile ideatore della teoria della Terra Cava, che esporremo nel capitolo dedicato alla costellazione del Sagittario, con una spudorata piroletta e senza imbarazzo alcuno decise di attribuire quella stella monarchica a Carlo II, regnante del momento, sebbene nel 1673 il cartografo inglese Francis Lamb l'avesse già ribattezzata Cor Caroli Regis Martyri, Cuore di re Carlo Martire, immaginando un cuore sormontato da una corona e ribadendo implicitamente che era dedicata al re decapitato, e non a suo figlio.

Ma Carlo II accettò di buon grado d'essere messo fra le stelle al posto del padre e, forse per riconoscenza nei confronti di Halley, dette il via alla realizzazione dell'Osservatorio Astronomico di Greenwich. Oggi quella stella ha perduto la qualifica di costellazione che le aveva attribuito Francis Lamb, ma ha mantenuto il nome Cor Caroli, e nessuno ha mai avuto il sospetto che dietro alla prima segnalazione di Sir Scarborough, oltre alla piaggeria, ci fosse anche un interesse personale. In fondo si chiamava Carlo anche lui.

Mettere il proprio nome tra le stelle è sempre stata considerata una cosa da non fare (oggi è ufficialmente vietato), ma un astronomo siciliano dell'Ottocento, che pure conosceva bene questa consuetudine, ci riuscì ricorrendo a un trucco a dir poco riprovevole. Il signore in questione si chiamava Niccolò Cacciatore e durante i primi anni dell'Ottocento collaborò col celebre Giuseppe Piazzi, allora direttore dell'Osservatorio Astronomico di Palermo, alla realizzazione di due corposi cataloghi stellari pubblicati rispettivamente nel 1803 e nel 1814, nei quali Cacciatore inserì le due stelle più luminose della costellazione del Delfino battezzandole Sualocin e Rotanev, due strani nomi apparentemente senza senso.

Invece un senso l'avevano. Se ne accorse l'astronomo inglese reverendo Thomas Webb che, controllando la pubblicazione del 1814, scoprì che letti al contrario i due nomi diventavano Nicolaus Venator, versione latina di Niccolò Cacciatore. Con questo sotterfugio l'astronomo siciliano riuscì a piazzare il suo nome tra le stelle e viene da chiedersi se Piazzi fosse all'oscuro di tutto oppure complice.

Nonostante questo miserevole trucco, Cacciatori succedette a Piazzi nella direzione dell'Osservatorio di Palermo distinguendosi per la sua confusa gestione che minò il prestigio della Specola palermitana.

Riempirono di stelle il cielo «di sotto»

La parte di cielo stellato descritta da Tolomeo nell'*Almagesto* arrivava a circa l'85 per cento del totale e fin quasi alla fine del Cinquecento il restante 15 per cento rimase senza stelle; agli occhi di chi viveva alle latitudini mediterranee, naturalmente. In realtà, diversi viaggiatori europei si erano affacciati sui cieli del «mondo di sotto», senza però tradurre quello che avevano visto in vere osservazioni astronomiche.

Quindi c'era ancora spazio per nuove costellazioni e gli astronomi europei scalpitavano per disegnarle sui loro globi celesti. Il più attivo in questo senso fu Petrus Plancius (nome latinizzato di Pieter Platevoet), astronomo, cartografo ed ecclesiastico olandese che, grazie alla conoscenza delle carte nautiche portoghesi arrivate ai suoi tempi nei Paesi Bassi, divenne grande esperto delle rotte per le Indie in generale e per le Isole delle Spezie in particolare; tanto da essere tra i fondatori della Compagnia Olandese delle Indie Orientali.

Nel 1595 una flotta di quattro navi salpò dai Paesi Bassi per la prima spedizione olandese nelle Indie Orientali, e Plancius ne approfittò per incaricare Pieter Dirkszoon Keyser, pilota della *Hollandia*, di effettuare osservazioni astronomiche nella zona di cielo attorno al Polo Sud, ancora priva di costellazioni.

Grazie a uno strumento datogli da Plancius, Keyser eseguì gli ordini nella maniera più scrupolosa, ma non per molto perché morì l'anno successivo, mentre la flotta si trovava a occidente di Giava. Comunque, quando le navi rientrarono in Europa i suoi preziosi appunti contenenti la descrizione di 135 stelle, suddivise in 12 nuove costellazioni, furono consegnati a Plancius e le co-

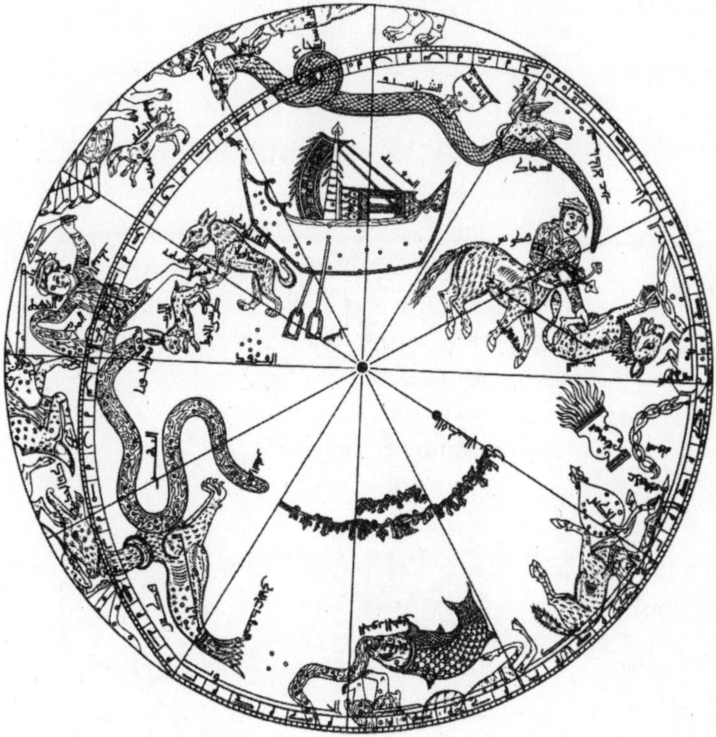

Figura 29. La mappa celeste dell'emisfero meridionale, disegnata nel 1275 dall'astronomo arabo Mohammud ben Helah, presenta ampi spazi vuoti attorno al polo che furono poi riempiti dagli astronomi europei.

stellazioni furono inserite dall'astronomo in un mappamondo del 1598 con i nomi di Camaleonte, Dorado (o Pesce Spada), Fenice, Gru, Idra Maschio, Indiano, Mosca, Pavone, Pesce Volante, Triangolo Australe, Tucano e Uccello del Paradiso.

Ma la storia non era finita. La flotta con la quale aveva viaggiato Keyser era comandata dall'esploratore olandese Cornelius de Houtman e fra i componenti dell'equipaggio c'era suo fratello minore Frederik, che aveva collaborato con Keyser

Figura 30. Carta del cielo australe disegnata nel 1559 con le caratteristiche lacune nelle vicinanze del Polo Sud, colmate solo alla fine del Cinquecento.

nelle osservazioni del cielo maturando un'esperienza che mise a frutto in occasione di una seconda spedizione alle Indie, nel 1598. Fu un viaggio sfortunato. Arrivati sulle coste settentrionali di Sumatra, Cornelius e suo fratello furono catturati e processati dal sultano di Atjehm che condannò a morte il comandante e imprigionò il più giovane Frederik; una prigionia che durò due anni durante i quali l'olandese, che evidentemente godette di una sorta di libertà vigilata, riuscì a proseguire le os-

Figura 31. Le spedizioni della Compagnia Olandese delle Indie Orientali, nel XVI secolo, portarono alla creazione di dodici costellazioni australi.

servazioni astronomiche e a dedicarsi allo studio della lingua malese.

Tornato in patria, Frederik pubblicò nel 1603 un dizionario del malese e della lingua del Madagascar, il malgascio, che, in appendice, riportava le sue osservazioni astronomiche relative alle 12 costellazioni già descritte, attribuendosi così tutto il merito della scoperta e affermando orgogliosamente che «quelle stelle non erano mai state viste da alcuno». Neppure una parola per Keyser, suo maestro e vero padrino delle nuove costellazioni che Plancius aveva inserito nel suo globo nel 1598, dove comparve anche la Croce del Sud.

Quest'ultima costellazione ha avuto una gestazione lunghissima. La Croce del Sud è la più piccola delle 88 costellazioni e, sebbene sia stata promossa a questo rango solo alla fine del Cinquecento, è considerata parte del gruppo delle costellazioni classiche perché, nonostante brillino nell'emisfero australe, quelle stelle erano già note ai Greci che le potevano vedere, molto basse sull'orizzonte, proprio tra le zampe posteriori del Centauro, di cui ritenevano facessero parte.

Così apparivano fin verso il 400 a.C. quando, per effetto della precessione degli equinozi, lentamente scomparvero sotto l'orizzonte e non furono più visibili dall'Attica, ma rimasero osservabili da Gerusalemme fino all'epoca della morte di Cristo, e da Alessandria d'Egitto fino al 1300 della nostra era.

Da allora quelle stelle furono praticamente dimenticate fino al 1515, quando Andrea Corsali, viaggiatore fiorentino, raggiunse l'Oceano Indiano e le descrisse, aggiungendo un disegno della Croce, in una celebre lettera a Giuliano de' Medici, duca di Nemours, fratello di papa Leone X (*vedi* il paragrafo «Il fiorentino che battezzò la Croce del Sud»). Ma, nonostante questo, non riuscì a trasformare quel gruppo di stelle che tanto lo aveva affascinato in una costellazione vera e propria. Fu solo nel 1589, infatti, che il solito Petrus Plancius tolse la Croce del Sud dalle zampe del Centauro e la fece diventare una costellazione a tutti gli effetti.

Carena

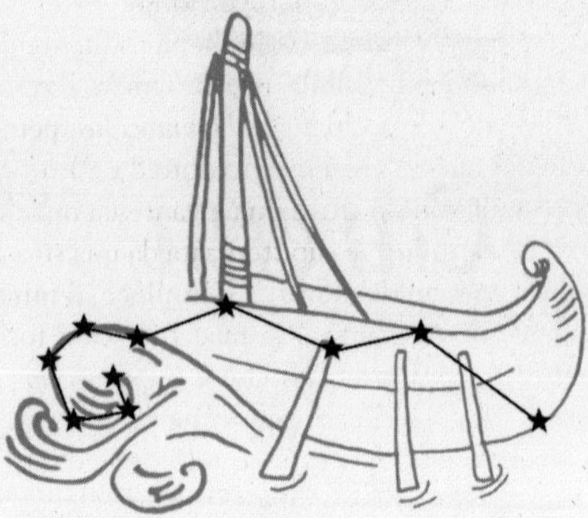

Esplosioni di stelle

La Carena è una costellazione visibile solo dall'emisfero australe e rappresenta la carena dell'antica costellazione della nave Argo, di cui facevano parte anche la Vela e la Poppa. È notevole sia perché contiene Canopo, la stella più brillante del cielo australe e la seconda in assoluto dopo Sirio, sia per Eta Carinae, che nel 1843 esplose diventando la stella più brillante del cielo, dopo Sirio. Oggi non è più visibile a occhio nudo. Il residuo dell'esplosione è una nebulosa chiamata *Homunculus*, perché assomiglia a una figura umana (*vedi* inserto, foto 8 e 9).

In questa costellazione si trova una gigantesca nebulosa, con un diametro di 200 anniluce e caratterizzata da una struttura circolare centrale avente un diametro di 7 anniluce. Il miscuglio di filamenti brillanti di gas caldo e le macchie scure formate da condensazioni di polveri indicano che è una regione in cui si stanno formando nuove stelle. Si pensa che le esplosioni di stelle morenti come Eta Carinae, producendo onde d'urto nel gas circostante, siano un fattore importante per favorire la formazione di addensamenti, incubatrici di nuove stelle. Insomma, anche fra le stelle «*Mors tua vita mea*».

La nave degli Argonauti ridotta a un relitto

La Carena, assieme alla Poppa, alla Vela e al Compasso, è uno dei relitti della grande costellazione della Nave che l'astronomo francese Nicolas-Louis de Lacaille (1713-1762) fece a pezzi perché, secondo lui, occupava troppo spazio in cielo. Insomma, una reliquia scampata alla demolizione della prima nave della storia, creata nientemeno che da Ea-Enki, il signore sumero delle acque dolci sotterranee, che con quell'imbarcazione navigava sull'oceano primordiale. Una barca uguale a quella

Figura 32. La costellazione della Carena è quanto rimane dell'originaria Nave che, nel Settecento, fu smembrata da un astronomo francese.

che Shamash, il dio del Sole, utilizzava per la sua navigazione celeste.

Questo natante così nobile ispirò ai Greci uno dei più complessi miti dell'antichità: quello degli Argonauti che con la nave Argo (rapido) andarono alla ricerca del Vello d'Oro, guidati dall'eroe Giasone. Secondo il mito, la nave fu realizzata con l'aiuto di Minerva, la quale inserì come carena una trave di quercia, tratta da un albero sacro a Giove, che aveva facoltà profetiche; caratteristica non da poco viste le insidie del viaggio. Imbarcati in cinquanta, quasi tutti eroi di prima scelta, gli Argonauti puntarono la prua verso il Bosforo, per passare dal Mare Egeo al Mar Nero, ma quando attraversarono i Dardanelli ci mancò poco che la nave venisse stritolata dalle Rupi Cozzanti che si aprivano e chiudevano a scatto, come due ante scorrevoli, affondando chiunque tentasse di passare da un mare all'altro. Argo superò senza troppi danni lo stretto e per lo smacco subìto le Rupi rimasero letteralmente pietrificare; da quel giorno, infatti, non si mossero più.

I nostri eroi proseguirono nel Mar Nero, verso est, finché arrivarono sulle rive della Colchide, la regione ai piedi delle montagne del Caucaso, dove si trovava il mitico Vello d'Oro, guardato a vista da un terribile drago. Un pericolo che fu neutralizzato dalle arti magiche di Medea, moglie poi ripudiata di Giasone, che fece addormentare il mostro permettendo all'eroe di impossessarsi del prezioso vello che avrebbe dovuto assicurargli la restituzione del regno usurpatogli da uno zio.

Rientrati in Grecia, gli Argonauti andarono ognuno per la sua strada a inseguire imprese più o meno mirabolanti, mentre la nave Argo fu consacrata come ex voto a Nettuno e lasciata nell'istmo di Corinto. Anni dopo, racconta una leggenda, Giasone andò a sedersi tra i legni disfatti del naviglio ripensando tristemente alle drammatiche vicende della sua vita; Giove, commosso dalla malinconia dell'eroe, mise la nave tra le stelle. Un altro mito racconta invece che una trave della nave cadde addosso a Giasone e lo uccise all'istante.

Alcuni mitologi ritengono che l'avventura degli Argonauti nasconda un rito di passaggio con profondi significati legati alla morte e alla rinascita, suggeriti proprio dal Vello d'Oro. Il viaggio di Giasone (guaritore) e dei suoi compagni sarebbe quindi l'allegoria di un viaggio iniziatico che, secondo Elémire Zolla, «corrisponde a una consuetudine sciamanica universale, il viaggio di un comitato di adepti sulla 'piroga degli spiriti' o 'piroga serpente'».

Più prosaicamente, Robert Graves ritiene che dietro al mito degli Argonauti si nasconda un vero viaggio effettuato nel XIII secolo a.C. da un gruppo di mercanti greci intenzionati a stabilire contatti commerciali con le popolazioni del Mar Nero, note in epoca storica per l'immensa disponibilità d'oro. È infatti possibile che un viaggio tanto impegnativo sia stato effettuato utilizzando, per la prima volta nella storia della navigazione, una grande triremi governata da una cinquantina di uomini così come si vede raffigurato su una ceramica greca del periodo Geometrico.

A conferma del possibile collegamento tra mito e realtà, c'è da notare che ancora oggi, nelle regioni montuose della Colchide e nelle aree limitrofe, vivono pastori seminomadi che cercano oro nelle sabbie dei torrenti utilizzando un setaccio formato dal vello di un ariete che trattiene le preziose pagliuzze trasportate dall'acqua.

LA STORIA

Il fiorentino che battezzò la Croce del Sud

Il vero padrino della Croce del Sud fu Andrea Corsali, personaggio rinascimentale di cui conosciamo soltanto due lettere, ma che merita un paragrafo tutto suo. Andrea apparteneva a una famiglia originaria di Monteboro, nei pressi di Empoli, dove nel 1399 viveva un suo agiato antenato, sellaio e brigliaio, ma dopo solo tre generazioni i Corsali comprarono un palazzo a Firenze e qui, il 29 giugno 1487, nacque il protagonista di questa storia che fu «segnato» in Santa Maria del Fiore. Suo padre Giuseppe e sua madre Caterina si erano infatti stabiliti in piazza Santa Croce in una bella casa, detta «il diluvio» a causa dei continui allagamenti che l'Arno provocava nella zona; l'abitazione era situata a pochi metri dal palazzo dei Da Verrazzano e dato che Andrea era pressoché coetaneo di Giovanni, il futuro scopritore della Baia di New York, è molto probabile che i due ragazzi si frequentassero e insieme sognassero il mare e i Paesi lontani.

A Firenze i Corsali accrebbero rapidamente la loro fortuna sia economica sia politica, tanto da collezionare importanti cariche cittadine (Priore, Podestà, Gonfaloniere), mentre il padre di Andrea intratteneva rapporti di grande familiarità con i Medici che non solo lo gratificavano con stima e benevolenza, ma lo dispensavano anche dal pagamento delle «decime», le tasse.

Da che cosa nascesse questo speciale legame con i Medici non è chiaro ma, secondo la ricercatrice Giulia Grazi, autrice di un prezioso libretto su Andrea Corsali, le due famiglie erano unite da una parentela illegittima, in quanto la madre di Andrea, Caterina Del Cittadino, era congiunta di Fioretta Del Cittadino, amante di Giuliano de' Medici, che da lei ebbe un figlio, Giulio, diventato poi papa Clemente VII.

Andrea cominciò ad andare per il mondo come «agente informatore» dei Medici, ma tutto ciò che sappiamo da quel momento in poi lo dobbiamo quasi esclusivamente a due lunghe lettere che inviò a Firenze in occasione di altrettanti viaggi compiuti nel 1515 e nel 1517.

Nella prima, spedita da Calicut, il ventottenne fiorentino, viaggiatore, diplomatico, geografo, naturalista e astronomo, racconta del suo viaggio di circumnavigazione dell'Africa su una nave portoghese salpata da Lisbona e della traversata dell'Ocea-

Figura 33. L'immagine della Croce del Sud (B) come fu pubblicata sulla base dello schizzo inviato ai Medici dal fiorentino Andrea Corsali nel 1515.

no Indiano fino alle coste dell'India. Dopo aver registrato usi e costumi dei popoli incontrati e corretto diverse inesattezze geografiche, Corsali descrive le cosiddette Nubi Magellaniche e la Croce del Sud: «...Sopra di queste apparisce una croce maravigliosa nel mezzo di cinque stelle, che la circondano (com'il Carro la Tramontana) con altre stelle, che con esse vanno intorno al polo girandole lontano circa trenta gradi: e fa suo corso in 24 ore, ed è di tanta bellezza che non mi pare ad alcuno segno celeste doverla comparare...»

Si tratta della prima vera relazione astronomica sulla Croce del Sud, le cui stelle erano state certamente già notate dai naviganti arabi e portoghesi, ma nessuno le aveva mai identificate come una croce registrandone la posizione in cielo.

Alcuni storici dell'astronomia fanno notare che quel gruppo di stelle furono citate, ben prima di Corsali, da Amerigo Vespucci nel 1500 e addirittura da Dante nella *Divina Commedia.* Il primo a suggerire quest'ultima ipotesi fu in realtà lo stesso Vespucci che, in una lettera scritta da Siviglia il 18 luglio 1500 e indirizzata a Lorenzo de' Medici, scrisse delle sue osservazioni del cielo australe:

> E come desideroso, d'essere autore, che segnassi la stella del Firmamento dell'altro polo, perdei molte volte il sonno di notte in contemplare il movimento delle stelle dell'altro polo, per segnar quanto di esse tenessi minor movimento, e che fussi più presso al Firmamento, e non potetti con quante male notti ebbi, e con quanti strumenti usai, che fu il quadrante, e l'astrolabio. Non segnai stella che tenessi men che dieci gradi di movimento all'intorno, dimodoché non restai satisfatto in me medesimo di nominar nessuna, essendo il polo del meridiono, a causa del gran circolo, che facevano intorno al Firmamento: e mentre che in questo andavo, mi ricordai di un detto del nostro poeta Dante, del quale fa menzione nel primo capitolo del Purgatorio, quando finge di salire

Figura 34. L'Australia proclama il suo antimilitarismo affidando al cielo e alla Croce del Sud un messaggio pacifista alla vigilia della prima guerra mondiale. (Disegno di Claude A. Marquet.)

di questo emisperio, e trovarsi nell'altro, che volendo descrivere il polo Antartico dice:

22 I' mi volsi a man destra, e puosi mente
a l'altro polo, e vidi quattro stelle
non viste mai fuor ch'alla prima gente.

25 Goder pareva 'l ciel di lor fiammelle:
oh settentrional vedovo sito,
poi che privato se' di mirar quelle!

Poi Vespucci riprende: «Che secondo me mi pare, che il Poeta in questi versi voglia descrivere per le quattro stelle il Polo dell'altro Firmamento, e non mi diffidi fino a qui, che quello che dice non salga a verità; perché io nottai quattro stelle figuranti come una mandorla, che tenevano poco movimento, e si Dio mi da vita, e salute, spero presto tornare in quello emisperio, e non tornar senza notare il polo».

La maggior parte dei commentatori della *Divina Commedia* non crede che si tratti davvero delle stelle della Croce del Sud, che Dante non poteva avere mai visto dall'Europa, e pensano piuttosto a un riferimento alle quattro virtù cardinali: giustizia, fortezza, prudenza e temperanza. Ma è una negazione ormai datata. Oggi non si esclude affatto che Dante possa essere stato a conoscenza di quelle stelle attraverso mappe arabe del cielo che molto probabilmente circolavano nella Toscana del XII secolo, soprattutto grazie ai contatti che i navigatori pisani avevano col mondo islamico. Insomma, comunque si vogliano interpretare i documenti, la Croce del Sud è un affare tutto fiorentino.

Cassiopea

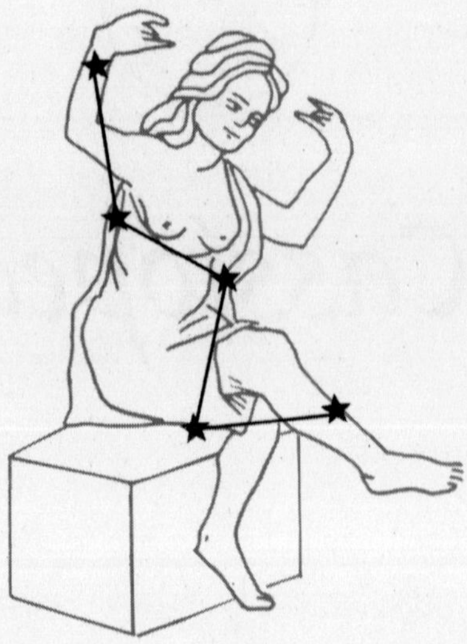

Appare una supernova

Cassiopea è una costellazione boreale, situata fra quelle di Cefeo e di Andromeda, ed è alla massima altezza sull'orizzonte a mezzanotte, verso l'inizio di ottobre. È facilmente riconoscibile perché le sue stelle più brillanti disegnano una chiarissima lettera W. Fra il 3 e il 6 novembre 1572 nella costellazione di Cassiopea apparve improvvisamente una stella brillante come Venere. È passata alla storia col nome di «*nova* di Tycho Brahe» (*vedi* inserto, foto 12) perché l'astronomo danese, maestro di Keplero, la osservò per più di un anno, riportando i risultati delle sue osservazioni con una precisione che possiamo definire moderna, anche se fatte a occhio nudo. Infatti dovevano passare ancora quasi quarant'anni perché Galileo volgesse al cielo il primo cannocchiale. Dopo tre mesi e mezzo la stella «*nova*» era ancora brillante come Sirio e dopo sei mesi come Vega. Era al limite di visibilità dopo 457 giorni. Brahe ha indicato anche con estrema precisione la posizione della stella e lì è stato trovato il residuo dell'esplosione: una debole sorgente di raggi X e una sorgente di onde radio.

Il fenomeno osservato da Tycho Brahe è quello che oggi chiamiamo apparizione di una supernova. Ma anche un'altra supernova era apparsa in quella stessa costellazione. Infatti Cassiopea ospita la più forte radiosorgente di tutto il cielo, nota come Cassiopeia A (*vedi* inserto, foto 11), coincidente con un'estesa sorgente di raggi X e con dei pezzetti di filamenti luminosi di gas in moto caotico. La radiosorgente ha un diametro di 6 primi d'arco (per confronto vediamo il Sole e la Luna sotto un angolo di 32 primi d'arco). È possibile stabilire che la radiosorgente si trova a una distanza di almeno 9.000 anniluce, perché è situata al di là di due bracci spirale della Via Lattea di cui è nota la distanza.

Tutte queste caratteristiche indicano che si tratta di ciò che resta dell'esplosione di una supernova, e dalla velocità di espansione osservata si può stabilire che l'esplosione deve essere avvenuta circa 300 anni fa, più di un secolo dopo quella di Tycho Brahe, eppure sembra che nessuno l'avesse osservata. Un mistero che riguarda anche un'altra famosa supernova, esplosa nel 1054 nella costellazione del Toro, osservata accuratamente da alcuni astronomi cinesi, ma di cui nessun documento europeo porta traccia, sebbene anch'essa dovesse essere brillante per lo meno come Venere.

Il satellite Chandra per l'osservazione di sorgenti di raggi X, intitolato al premio Nobel per la Fisica Subrahmanyan Chandrasekhar per le sue ricerche sulle nane bianche, stelle di neutroni e buchi neri, nel 2004 ha scoperto anche una sorgente compatta di raggi X al centro di Cassiopeia A. Le caratteristiche della radiazione emessa dalla sorgente mostrano che si tratta di una stella di neutroni; evidentemente è il resto della stella esplosa circa 300 anni fa.

Ma cosa sono le supernovae e perché si verificano? Come abbiamo accennato (Cane Maggiore), molte di esse rappresentano la fase finale della vita di stelle molto più grosse del Sole; altre invece sono stelle doppie contenenti una nana bianca. Ma vediamo il primo caso.

Stelle aventi una massa circa 10 volte quella del Sole, e anche molto di più, ogni volta che esauriscono un combustibile nucleare nel loro nocciolo cominciano a raffreddarsi e quindi a contrarsi, perché la gravità prende il sopravvento sulla forza di pressione del gas; la contrazione riscalda il nocciolo fino a che la temperatura non è sufficiente per innescare altre reazioni. Dopo tutta una serie di successive contrazioni, il nocciolo raggiunge temperature sempre più elevate ma resta sempre gas perfetto. Infatti la condizione di gas degenerato viene raggiunta anche a densità relativamente basse quanto più bassa è la temperatura. Questa è la ragione che differenzia la fine delle stelle di grande massa da quella delle stelle più piccole: nelle prime la temperatura del nocciolo è sempre tanto alta da mantenere il gas allo stato di gas perfetto anche per densità altissime, mentre nelle seconde il formarsi di un nocciolo di gas degenerato blocca la possibilità di ulteriori contrazioni, riscaldamento e innesco di altri combustibili nucleari.

Il meccanismo che produce l'esplosione si verifica quando, dopo tutta una serie di reazioni nucleari, il nocciolo è formato da nuclei di ferro, la temperatura è di circa 10 miliardi di gradi e la densità qualche miliardo di volte la densità dell'acqua. In queste condizioni il ferro si trasforma in elio: un nucleo di ferro la cui massa è pari a 56 nuclei di idrogeno si spezza in 13 nuclei di elio e 4 neutroni. Ma la grande differenza rispetto alle precedenti reazioni è che quelle erano esotermiche, cioè liberavano energia, questa invece è endotermica, ovvero assorbe energia. Essa ha un effetto «frigorifero», usa l'energia termica della massa di gas torrido e la temperatura precipita da 10 miliardi di gradi a 100 milioni nel giro di poche decine di minuti. La brusca diminuzione di temperatura produce una brusca diminuzione della forza di pressione del gas e la massa sovrastante precipita verso il nocciolo schiacciandolo a densità di circa un milione di miliardi di volte la densità dell'acqua. Il nocciolo si trasforma così in una stella di neutroni, se la sua massa è inferiore a circa tre masse solari, altrimenti si può formare un buco nero, perché nemmeno un gas di neutroni è in grado di sostenere il collasso della materia. Ma anche l'inviluppo esterno, collassando, si riscalda e così tutti gli elementi in grado di dar luogo a reazioni nucleari esotermiche producono, in poche decine di minuti, un'enorme quantità di energia che la stella non riesce a dissipare espandendosi, per cui esplode disseminando lo spazio circostante dei prodotti delle reazioni.

Ecco perché le supernovae si possono considerare la maggiore e più importante causa dell'evoluzione chimica della galassia che le contiene: esse arricchiscono il mezzo interstellare di tutti gli elementi più pesanti dell'idrogeno e forniscono la materia prima per formare i pianeti e anche gli esseri viventi. Anche il calcio delle nostre ossa e il ferro del nostro sangue sono il prodotto della fine esplosiva delle supernovae. Ci rendiamo conto che anche noi, che osserviamo e studiamo l'universo, ne siamo allo stesso tempo un prodotto, come le stelle e le galassie, anche se estremamente più complesso.

Perciò si può concludere che le supernovae sono delle vere e proprie bombe nucleari che invece di portare la morte rendono possibile la vita.

Il secondo tipo di supernovae ha per progenitore una stella di massa relativamente piccola, come il Sole; esse fanno parte di sistemi binari «stretti» in cui la compagna è una nana bianca. Un sistema binario «stretto» è formato da una coppia di stelle molto vicine, la loro distanza è di poco superiore alla somma dei loro raggi. Esse sono legate gravitazionalmente e orbitano attorno al comune baricentro, come la Terra e la Luna. La nana bianca era probabilmente in origine la stella di massa maggiore, che è evoluta più rapidamente dell'altra, è passata attraverso la fase di gigante rossa e poi, quando la nebulosa planetaria che la inviluppava si è andata disperdendo nello spazio, si è ridotta al nocciolo nudo di gas degenerato. Anche la compagna di massa più piccola comincia a un certo punto a evolvere e quando diventa una gigante rossa il suo inviluppo cade in parte sulla nana bianca. Questa, se supera il limite, trovato dal fisico Chandrasekhar, di 1,44 masse solari, collasserà sotto il proprio peso, riscaldandosi e dando luogo a una serie di reazioni nucleari che, in qualche caso, porteranno addirittura alla completa distruzione della nana bianca stessa.

L'evoluzione di una stella è tanto più rapida quanto maggiore è la sua massa. Fra massa e luminosità c'è una relazione tale che la luminosità è proporzionale alla massa elevata a un esponente uguale a circa 3 per le stelle più luminose e a circa 5 per quelle meno luminose del Sole. Da questa relazione si nota che la luminosità varia entro un intervallo molto più ampio della massa. Stelle di massa pari a 10 volte la massa del Sole hanno una luminosità 5.000 volte quella solare, mentre stelle di massa un decimo di quella solare hanno una luminosità 1.000 volte minore.

Ne segue che le stelle più luminose hanno una disponibilità di combustibile nucleare 10 volte maggiore ma lo sperperano 5.000 volte più rapidamente. Tenuto conto che la vita del Sole è di 10 miliardi di anni, le stelle più luminose avranno una vita 10/5.000 = 1/500 di quella solare e cioè 20 milioni di anni, mentre quelle più deboli avranno una vita 0.1/0,001 = 100 e cioè 1.000 miliardi di anni, un tempo molto più lungo di quello trascorso dal Big Bang a oggi, che si valuta pari a circa 13 miliardi e 700 milioni di anni.

In ambedue i tipi di supernovae che abbiamo visto, l'esplosione lascia un inviluppo di gas noto come «resto di supernova», che emette onde radio e talvolta anche raggi X, e che è osservabile a volte anche dopo molte centinaia di anni dall'esplosione.

Un famoso esempio di resto di supernova è appunto la forte radiosorgente Cassiopeia A.

IL MITO

La vanitosa si credeva la più bella del reame

Cassiopea, madre di Andromeda, è il personaggio che nel mito dedicato alla figlia fa la figura peggiore: vanitosa fino all'inverosimile, era convinta di avere i capelli più belli di tutte, persino delle Nereidi, le ninfe marine celebri per la loro avvenenza e le chiome fluenti. Queste bellezze erano una cinquantina, tutte figlie di Nereo, il Vecchio del Mare, e una di loro era la sposa di Nettuno, dio degli oceani, il quale organizzò la spietata vendetta che abbiamo raccontato parlando della costellazione di Andromeda.

Combinato il guaio, Cassiopea quasi esce dalla scena e la ritroviamo piagnucolosa e tormentata dal rimorso soltanto poco prima del gran finale, davanti alla figlia incatenata alla scogliera che aspetta di essere divorata dal mostro marino mandato da Nettuno, proprio per punire la vanagloria della madre.

Ma niente di più, né un'idea risolutiva, né un gesto di coraggio in grado di riscattarne l'evidente pochezza. Anzi, all'ultimo momento, mentre Perseo e Andromeda stanno per sposarsi, trama con il cognato Fineo, primo pretendente di sua figlia, nella speranza che faccia fuori l'uccisore del mostro.

In sostanza, una figura destinata a giocare la parte della cattiva, con l'unico merito d'aver anticipato l'odioso personaggio della matrigna di Biancaneve, che chiedeva allo specchio chi era la più bella del reame.

Già gli antichi deploravano questa sciocca regina e manifestavano la loro soddisfazione per come era stata punita una volta salita in cielo. Caio Giulio Igino, mitografo del I secolo d.C., sostiene infatti che «per questo fatto Cassiopea fu rappresentata

Figura 35. La regina Cassiopea, madre di Andromeda, divenne titolare di una costellazione nonostante il suo deprecabile comportamento.

fra gli astri seduta su un trono ma, a causa della sua empietà appare, nella rotazione del cielo, con la testa in basso».

Un rovesciamento dell'immagine che ha sempre fatto pensare al rischio che prima o poi precipiterà dalle stelle; ragione per cui gli illustratori degli atlanti stellari del XV secolo aggiunsero al trono dei legacci con i quali assicurare Cassiopea ai braccioli.

LA STORIA

Come nacquero la Terra e il cielo stellato

Secondo i popoli mesopotamici il cielo era lo specchio fedele della Terra e tutto quello che accadeva lassù succedeva anche quaggiù. Quest'idea dette origine all'osservazione delle stelle da parte dei sacerdoti sumeri i quali, proprio studiando gli astri, cercavano di capire che cosa poteva capitare agli uomini.

Il concetto di «specchio» nasce dal fatto che il cielo e la Terra venivano percepiti come il risultato di un drammatico evento di divisione in due parti di un unico corpo primordiale; separazione che nelle cosmologie dei popoli della Mezzaluna Fertile, dell'Egitto, dell'Egeo e – a sorpresa – anche degli Aztechi, è alla base del successivo processo creativo.

Tra i diversi miti, quello greco mostra i caratteri più chiari e drammatici, magistralmente sintetizzati da Jean-Pierre Vernant, uno dei massimi studiosi di mitologia e cultura greca:

> In principio fu Voragine. I Greci la chiamarono Chaos. Che cos'è Voragine? È un vuoto, un vuoto oscuro, dove nien-

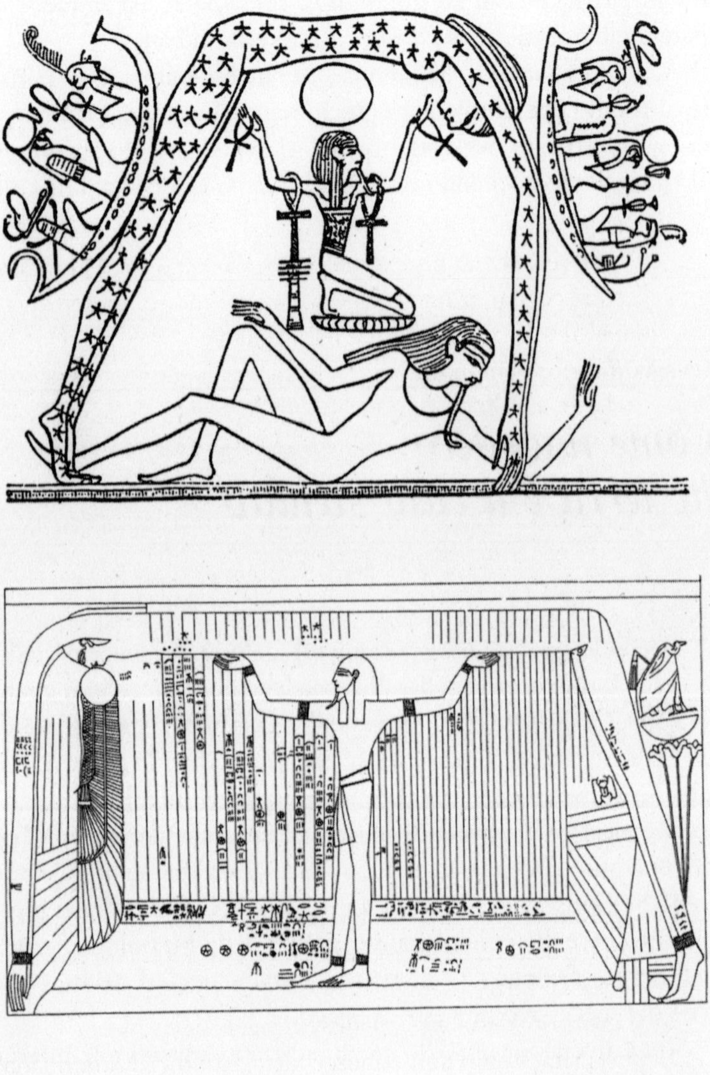

Figura 36. La creazione secondo gli Egizi. Shu, dio dell'aria, sostiene il corpo inarcato della figlia Nut, dea del cielo, per impedirle di congiungersi a suo fratello Geb, dio della Terra. Aggirando questo impedimento, i due crearono la vita.

te può essere distinto. È un punto di caduta, di vertigine e di confusione, un precipizio senza fine, senza fondo [...].

Poi apparve la Terra. I Greci la chiamarono Gaia. È dal seno stesso di Voragine che nacque la Terra. [...] Sulla Terra ogni cosa è ben delineata, visibile, solida. Gaia può essere definita come il suolo su cui dèi, uomini e animali camminano con sicurezza. Gaia è il pavimento del mondo. [...] Terra lo partorisce senza aver bisogno di unirsi a nessuno. [...] La Terra partorisce dapprima un personaggio molto importante, *Ouranos*, il Cielo, e anche il Cielo stellato. [...] Attraverso la forza interiore che porta in sé, Terra sviluppa quello che già era in lei e che, dal momento in cui lo libera, diventa il suo doppio e il suo contrario [...] crea il Cielo stellato uguale a sé, come una replica altrettanto solida, altrettanto stabile e simmetrica. Allora Urano si stende su di lei. Terra e Cielo costituiscono così due piani sovrapposti dell'Universo, un pavimento e una volta, un sotto e un sopra che si coprono a vicenda, completamente. [...]

Ecco dunque Urano, partorito da Gaia e a lei corrispondente in ogni sua parte. Urano è coricato, disteso, e pesa su colei che lo ha generato. Il Cielo ricopre completamente la Terra. Ogni angolo di Terra è raddoppiato da un pezzo di Cielo che si incolla perfettamente su di lei. A partire dal momento in cui Gaia, divinità potente, Terra madre, crea Urano che è il suo corrispondente esatto, la sua fotocopia, il suo doppio simmetrico, ci troviamo in presenza di una coppia di opposti: un maschio e una femmina. Urano è *il* Cielo così come Gaia è *la* Terra. [...]

Urano non cessa mai di disseminarsi nel seno di Gaia. L'Urano primordiale non conosce altra attività se non quella sessuale. Coprire Gaia senza sosta, per quanto è nella sua potenza. La povera Terra si trova incinta di una prole numerosa che non può neppure uscire dal suo grembo, che deve restare là dove Urano l'ha concepita. Visto che Cielo non si alza mai da Terra, non si crea mai uno spazio che permetta ai figli, i Titani, di uscire alla luce e di condurre un'esistenza autonoma. I Titani non possono assumere forma propria, né diventare esseri individuali, perché vengono di continuo ricacciati nel grembo di Gaia, così come ogni cosa, Urano stesso, si trovava nel grembo di Gaia prima di nascere. [...]

Non esiste ancora la luce, perché Urano, stendendosi su Gaia, mantiene una notte continua. La Terra dà libero sfogo alla sua collera. Non vuole più tenere in grembo i propri figli che, non potendo uscire, la gonfiano, la comprimono, la soffocano. Allora Gaia si rivolge a loro, in particolare ai Titani dicendo: ascoltatemi, vostro padre ci oltraggia, ci sottopone a violenze inaudite, bisogna che tutto questo abbia fine. Dovete ribellarvi al Cielo, vostro padre. Al suono di queste vibranti parole, i Titani, nel ventre di Gaia, tremano di terrore. Urano, sempre ben piantato sopra la loro madre, grande tanto quanto lei, non appare un avversario facile da vincere. Solo Crono, l'ultimogenito, accetta di aiutare Gaia e di misurarsi così con il proprio padre.

La Terra concepisce un piano particolarmente astuto: per portare a compimento il suo progetto fabbrica al proprio interno un piccolo attrezzo, un falcetto [...]. Quindi lo mette in mano al giovane Crono che sta in agguato nel ventre di Gaia, proprio là dove Urano si unisce a lei. L'ultimogenito tende un'imboscata al padre. Non appena Urano si sfoga in Gaia, Crono gli afferra con la sinistra i genitali, li tiene ben stretti e con il falcetto impugnato nella desta li taglia in un colpo solo. [...] Nell'istante in cui viene castrato, Urano lancia con forza un grido di dolore e, allontanandosi da Gaia, si ferma per non muoversi più, in alto, lassù sopra il mondo. Così, visto che Urano ha uguale estensione di Gaia, non esiste un solo pezzo di Terra dal quale, una volta alzati gli occhi, non si veda un angolo equivalente di Cielo.

Con la castrazione di Urano, avvenuta su consiglio e grazie all'astuzia della madre, Crono segna una tappa fondamentale nella nascita del cosmo. Separa il Cielo e la Terra. [...]

Lo spazio è infine libero e il «cielo stellato» rappresenta ora un soffitto, una sorta di grande volta buia, che si eleva al di-sopra della Terra.

Anche nell'epica babilonese la creazione del cielo e della Terra ebbe luogo, in maniera decisamente cruenta, quando Marduk, destinato a diventare il signore degli dèi, ingaggiò una lotta mortale contro Tiamat, la draghessa signora del caos e delle acque salate. Il giovane dio guerriero, coperto da possente corazza, fu equipaggiato dagli altri dèi con tutte le armi possibili per la vittoria, compresi i dardi-fulmine, un arcobaleno e una rete manovrata dai quattro venti.

Così armato, Marduk si presentò sul campo di battaglia provocando un tale spavento che tutti gli alleati di Tiamat scapparono

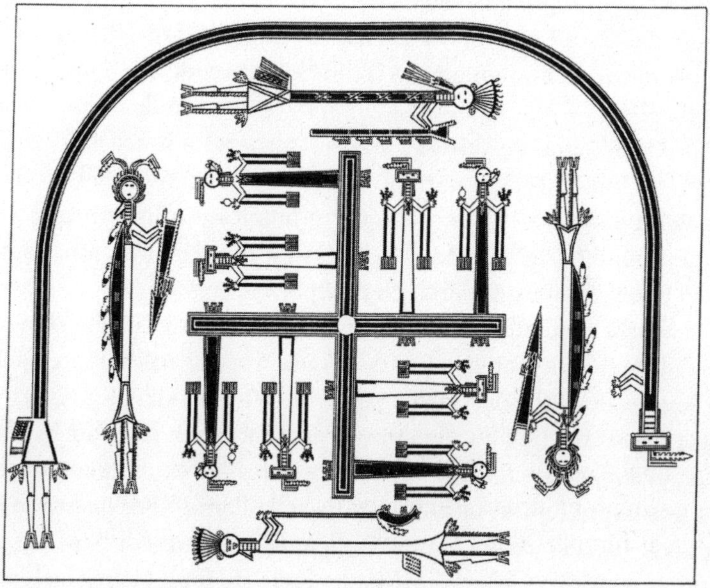

Figura 37. Disegno navajo, realizzato con sabbie colorate, in cui sono rappresentate la Terra (croce), le divinità del cielo e il dio dell'arcobaleno.

in disordine ma la draghessa, imperturbata, lo sfidò a duello. Subito Marduk le gettò addosso la sua magica rete e quando lei spalancò la bocca per divorarlo, le infilò in gola una tempesta di vento per tenerle le mascelle aperte; quindi scagliò una freccia-fulmine che le trapassò il cuore, uccidendola. A quel punto, come spiega uno dei testi cuneiformi noti come *Epopea della Creazione*, Marduk si riposò esaminando il cadavere della draghessa in base a un piano intelligente. La spaccò in due parti come un pesce secco, ne tirò su una metà e la distese per formare il cielo, poi distese l'altra metà e la rese compatta come la Terra.

Creata così la volta celeste, il dio assegnò i tre settori del cielo ai grandi dèi Anu, Ea ed Enlil, sistemò le costellazioni al loro posto, organizzò le fasi lunari per stabilire i mesi e i giorni, e fissò l'avvicendarsi del giorno e della notte.

Di tutt'altro tono è il mito della creazione nella multiforme cosmologia degli Egizi in cui, contrariamente a quelle di altri popoli, la Terra è maschio e il cielo è femmina. Uno dei miti più noti racconta che un giorno il dio Sole Ra vide che Geb, il dio della Terra, e Nut, le dea del cielo, fratello e sorella, se ne stavano continuamente distesi l'una sull'altro ad amoreggiare senza che tra loro vi fosse il minimo spazio che permettesse alla vita di nascere davvero. Irritato da questo amplesso ininterrotto e sostanzialmente infecondo, Ra chiamò il dio dell'aria Shu, padre dei due giovani, ordinandogli di separarli.

Shu si mise alla ricerca dei figli e quando trovò Geb sdraiato sul dorso e Nut distesa sopra di lui, interruppe bruscamente l'amplesso sollevando di scatto il corpo della figlia sulla propria testa, per impedire che i due amanti ricominciassero a fare l'amore. Ra aveva infatti lanciato un terribile incantesimo condannando Nut a non avere figli in nessuno dei mesi dell'anno! Per questo Shu, con le braccia alzate, mantenne inarcato il corpo di Nut, lontano da quello di Geb; proprio come l'aria sta tra il cielo e la Terra.

La povera dea, disperata, si rivolse a Toth, il saggio dio-scimmia protettore della matematica e delle scienze, e lo implorò di trovare una soluzione per aggirare l'eterna condanna. Toth, impietosito dal pianto di Nut, si presentò alla Luna sfidandola a una serie di partite a dama durante le quali riuscì a vincere la settantaduesima parte della luce lunare, con la quale formò un «pacchetto» di cinque giorni. Questi nuovi giorni non erano soggetti all'incantesimo di Ra, perché non appartenevano a nessuno dei mesi del calendario allora in uso, che era composto da dodici mesi di trenta giorni ciascuno, per un totale di trecentosessanta.

Grazie a questo stratagemma, nei cinque giorni immediatamente successivi alla fine dell'anno (che da allora fu di trecentosessantacinque giorni) i due amanti poterono tornare ad amoreggiare, generando cinque figli divini: Osiride, Oro, Seth, Iside e Nefti i quali, successivamente, dettero vita al genere umano.

Da allora, salvo che nei giorni recuperati al gioco da Thot, il dio Shu-Aria sostiene con le braccia alzate Nut-Cielo che poggia mani e piedi sui confini della Terra, come pilastri della volta

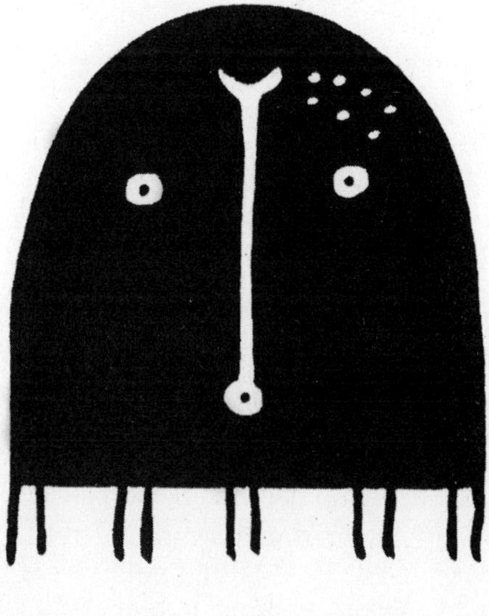

Figura 38. La maschera di danza del Dio Nero che, giocando con le stelle come fossero una palla, lanciò le Pleiadi sulla propria fronte; dove rimasero.

celeste. E ogni mattino Nut partorisce il Sole che, durante il giorno, percorre con la sua barca tutto il dorso arcuato della dea per essere ingoiato ogni sera e riprendere il viaggio la mattina successiva; così per sempre, in un ciclo di nascite e morti che durerà sino alla fine dei tempi.

L'esplicito carattere sessuale rese molto popolare questo mito cosmogonico e per millenni la scena della brusca separazione dei due amanti divini fu riprodotta dai pittori di papiri che raffigurarono Nut, col corpo dipinto d'azzurro e spruzzato di stelle, tenuta in posizione inarcata da suo padre Shu, mentre Geb, colorato di verde come la vegetazione, è disteso in stato di evidente eccitazione erotica. L'elegante silhouette di Nut, spesso raffigurata completamente nuda, fu molto spesso dipinta anche nella parte sottostante dei coperchi dei sarcofagi affinché i defunti diretti all'aldilà potessero sentirsi eternamente uniti al cielo, e di certo meno soli.

Carattere meno mondano e sicuramente più cruento presenta il mito degli Aztechi che, per questi aspetti, sembra ricalcare quello dei Babilonesi, anche se fra le due tradizioni non può esserci alcun collegamento.

Nella versione riportata nella *Histoyre du Mechique*, gli dèi Quetzalcoatl, il «Serpente piumato» identificato con l'acqua e con la fertilità, e Tezcatlipoca, «Specchio fumante», assimilato al conflitto e al cambiamento, erano impegnati nella creazione del Quinto Sole (i quattro precedenti erano stati annientati con le rispettive umanità) quando notarono il mostro maschio-femmina Tlaltecuhtli che camminava sulle acque del mare e divorava tutto quello che incontrava con una voracità fuori misura, perché era fornito di una grande bocca dentata e tante altre bocche supplementari alle ginocchia, ai gomiti e alle altre articolazioni.

Sconcertati da quell'orrida visione capirono che la creazione non poteva andare avanti se prima non avessero eliminato Tlaltecuhtli. Allora uno degli dèi afferrò la mano sinistra e il piede destro del mostro, e l'altro la mano destra e il piede sinistro, quindi con un violento strattone lo divisero in due parti: con una crearono la Terra e con l'altra, lanciata in alto, la volta del cielo.

Poi ripresero la loro opera creativa facendo nascere sulla parte terrena del mostro tutte le piante necessarie alla vita degli uomini: i capelli si trasformarono in alberi, fiori ed erbe, mentre dalla pelle spuntarono tutte le altre piccole piante; gli occhi divennero pozzi, sorgenti e piccole caverne; la bocca dette origine ai grandi fiumi e alle caverne profonde e infine il suo naso produsse montagne e vallate.

Centauro

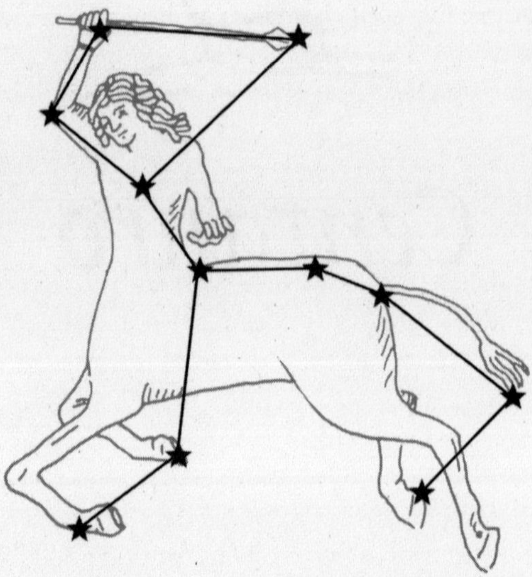

Ammassi stellari

Centauro è una costellazione dell'emisfero australe, situata fra la Vela e il Lupo. La sua stella più brillante è Alfa Centauri, la stella più vicina a noi e la terza di tutto il cielo in splendore, dopo Sirio e Arturo. In realtà si tratta di un sistema di tre stelle: la più brillante è una stella giallastra molto simile al Sole, poi c'è una compagna di colore arancio, anch'essa molto splendente, e infine la terza, una debole stella rossa, nota come Proxima Centauri perché è quella più vicina al Sole, a 4,2 anniluce.

Sempre nel Centauro si trova un bellissimo ammasso globulare, Omega Centauri, visibile a occhio nudo. Sembra una stella un po' sfocata.

Gli ammassi stellari sono famiglie di stelle legate gravitazionalmente e anche fisicamente, in quanto le singole stelle si sono formate tutte da una medesima nube interstellare, più o meno alla stessa epoca. Perciò i membri di un ammasso hanno tutti circa la stessa età e composizione chimica. Poiché le caratteristiche fisiche di una stella dipendono dalla sua massa, dalla composizione chimica e dall'età, gli ammassi sono utilissimi per poter stabilire come evolve una stella in funzione della sola variabile massa, le altre due variabili essendo le stesse per tutte.

Ci sono due classi distinte di ammassi: aperti o galattici, e globulari. I primi si trovano sul piano dell'equatore galattico e nelle braccia spirali: parecchi di essi contengono stelle molto brillanti, di vita breve, che ci dicono che gli ammassi che le contengono sono giovani (alcuni hanno circa mezzo milione di anni); altri invece contengono numerose giganti rosse, stelle in fase avanzata di evoluzione, e quindi deve trattarsi di ammassi più vecchi, come per esempio NGC 188, visibile nella costellazione di Cefeo, che ha un'età di 11 o 12 miliardi di anni. Dunque gli ammassi aperti si sono andati formando in varie epoche durante la vita della galassia che li contiene.

Gli ammassi globulari si trovano invece in un grande volume sferico che circonda tutta la galassia, chiamato «alone galattico». Sono popolati da giganti rosse, mentre mancano completamente le brillanti stelle giovani. La loro composizione chimica differisce da quella degli ammassi aperti, perché la percentuale di elementi più pesanti di idrogeno ed elio (che gli astronomi chiamano sbrigativamente «metalli» nonostante essi comprendano anche molti altri elementi come carbonio, azoto, ossigeno e neon, che non sono metalli) è da 10 a 10.000 volte minore. Questa differenza di composizione chimica è il risultato dell'evoluzione chimica della Galassia. La Galassia si è andata arricchendo di elementi pesanti grazie alle esplosioni di supernovae che, come abbiamo visto parlando della costellazione di Cassiopea, sono le maggiori produttrici di tutti gli elementi.

Gli ammassi globulari hanno una forma sferica o leggermente schiacciata e le stelle sono così vicine fra loro che, soprattutto verso il centro dell'ammasso, è difficile distinguerle l'una dall'altra. Possono contenere 500.000 e anche 1 milione di stelle. Essi si sono formati tutti più o meno contemporaneamente dalla grande nube sferica da cui si andava formando la stessa Galassia e mantengono la stessa distribuzione sferica nello spazio. Invece la nube gassosa in rotazione andava appiattendosi a formare il disco, e solo sul disco restava gas diffuso da cui poi si sarebbero formati gli ammassi aperti. Questo spiega perché gli ammassi globulari sono tutti di antica formazione, contemporanei alla formazione della Galassia, mentre fra gli ammassi aperti ci sono quelli antichi come la Galassia stessa e quelli formatisi appena mezzo milione di anni fa.

Negli ammassi aperti le stelle sono ben distinguibili, ben separate l'una dall'altra e a volte l'appartenenza all'ammasso è dubbia e viene stabilita in base al fatto che tutte si muovono circa nella stessa direzione. Un ammasso aperto contiene da poche decine a poche centinaia di stelle. Un ben noto ammasso aperto è quello delle Pleiadi.

Un altro oggetto notevole è la forte radiosorgente Centaurus A (*vedi* inserto, foto 14), che è stata identificata con una galassia ellittica, NGC 5128, solcata da una banda scura che la taglia a metà. La ricchezza di dettagli visibili che ne fanno un oggetto unico dipende anche dal fatto che è la più vicina delle grandi galassie ellittiche non appartenenti al nostro Gruppo Locale; si trova a circa 11 milioni di anniluce da noi. Se non fosse per la banda scura, NGC 5128 sarebbe una normale galassia ellittica gigante.

Tutte le forti radiosorgenti sono state identificate o con resti di supernovae, come nel caso di Cassiopeia A, oppure con galassie aventi generalmente delle caratteristiche che le diversificano dalla maggioranza di galassie «normali» come la nostra oppure quella di Andromeda o del Triangolo, che sono deboli radiosorgenti. La peculiarità della galassia NGC 5128 si ritiene essere il risultato di una fusione con il disco ricco di polveri e gas di un'altra galassia, avvenuta 100 milioni o un miliardo di anni fa.

Un debole inviluppo avvolge NGC 5128, probabilmente strappato all'altra galassia durante la collisione.

La radiosorgente associata a NGC 5128 è complessa. Due lobi radioemittenti, disposti simmetricamente rispetto all'immagine ottica, hanno un'estensione pari a circa 6 gradi. Si pensi per confronto che noi vediamo il Sole o la Luna sotto un angolo di circa mezzo grado. Perciò i due lobi si estendono per una lunghezza pari a 12 lune in fila l'una accanto all'altra. Alla distanza a cui si trova la galassia, questa estensione angolare corrisponde a più di un milione di anniluce, quasi venti volte il diametro della galassia.

All'interno dei due lobi si osservano altri due lobi radioemittenti, uscenti dal nucleo centrale ed estesi circa 16.000 anniluce. Il nucleo centrale, non osservabile visualmente perché nascosto dalla banda scura, emette raggi gamma, raggi X, radiazione infrarossa e microonde. Dal nucleo esce poi un getto di materia esteso circa 1.600 anniluce e un altro più interno esteso 2,2 anniluce. Tutti questi dettagli dei lobi radioemittenti si sono potuti osservare con i VLBI (Very Large Baseline Interferometer), costituiti da decine di radiotelescopi collegati fra loro, la cui area complessiva copre molte decine di chilometri quadri, o addirittura gran parte della superficie terrestre, come è il caso degli interferometri intercontinentali, costituiti da una rete di radiotelescopi sparsi nei vari continenti e collegati elettronicamente.

L'esistenza delle due coppie di lobi, esterni e interni, suggerisce che ci siano state due successive fasi di attività.

Dai dettagli osservabili nell'immagine a raggi X appare probabile l'esistenza di un anello che circonda un buco nero, che rappresenterebbe proprio il centro della galassia ellittica.

Tutti questi dettagli, che fanno di Centaurus A- NGC 5128 un caso unico, dipendono dalla sua relativa vicinanza, ma sono comuni a un'estesa classe di galassie detta AGN, un acronimo che sta per Active Galactic Nuclei, nuclei galattici attivi.

Molti nuclei galattici attivi variano di splendore con periodicità di qualche anno o anche di mesi e di giorni. Poiché una sorgente luminosa non può variare di splendore con scale di tempo più corte del tempo che occorre alla luce per percorrerla (altrimenti le variazioni di una parte cancellerebbero quelle della parte opposta), significa che gli AGN hanno diametri anche di qualche giorno luce, e le loro masse, pari ad alcuni milioni fino ad alcuni miliardi di masse solari, racchiuse in volumi così piccoli, fanno ritenere che i nuclei galattici attivi siano probabilmente tutti buchi neri che catturano la materia che circola attorno a essi. Questa, ruotando tanto più rapidamente quanto è più vicina al buco nero, per attrito si riscalda tanto da raggiungere temperature di milioni di gradi, ed emettere di conseguenza raggi gamma e X prima di essere inghiottita dal buco nero.

Un ibrido buono e saggio, ma sfortunato

Quando un uomo a cavallo apparve galoppando sul limitare delle steppe dell'Eurasia, verso il 3000 a.C., gli stanziali abitanti delle prime città della Mesopotamia dovettero rimanere stupefatti e atterriti: chi aveva avuto la forza e il coraggio di saltare in groppa al principe del vento creando quell'inafferrabile ibrido?

Erano stati i selvaggi delle praterie del nord, gli antenati dei cavalieri sciti d'epoca storica, e subito l'immagine dell'uomo-cavallo attraversò come un turbine l'Oriente e l'Occidente, fino ad

Figura 39. I centauri non godevano di buona fama presso i Greci, ma il saggio Chirone fece eccezione diventando maestro di Achille.

affacciarsi sul mondo greco che si inventò storie bellissime per esorcizzare l'atavica paura dei popoli sedentari davanti a quegli ibridi in cui sembrava convivessero lo spirito selvaggio della bestia e l'intelligenza dell'uomo. Una doppia natura vissuta come una minacciosa figlia del caos, ricordata dall'astronomo e sacerdote babilonese Beroso quando popola l'oscuro tempo delle origini di esseri metà uomini e metà animali.

Negli stessi miti greci permane sempre l'inquietante doppiezza di questi ibridi descritti come brutali abitatori delle montagne, refrattari a ogni civilizzazione. Ma con l'eccezione straordinaria di un centauro buono, generoso e saggio, conoscitore di ogni sapere; un modo anche questo per rimarcare il primato della parte umana su quella ferina.

Alla categoria dei cattivi appartenevano i violenti figli di un certo Issione, un assassino e spergiuro che aveva messo gli occhi nientemeno che su Giunone, la moglie di Giove, tentando in tutti i modi di prenderla con la forza. Il signore degli dèi, con una tolleranza davvero olimpica, non s'era adirato più di tanto e aveva preferito sviare le pericolose attenzioni di Issione creando Nefele, una nuvola con le sembianze di Giunone, a cui subito l'assatanato dedicò tutta la sua passione generando il primo centauro, brutale e cattivo come quasi tutti quelli della sua specie.

Di tutt'altra pasta, invece, Chirone, il più celebre dei centauri, anche lui nato grazie a una magica trasformazione. Crono, signore dei Titani, s'era appartato con la bella oceanina Filira, ma nel pieno dell'incontro amoroso i due amanti erano stati sorpresi da Rea, moglie di Crono; per cercare di confondere le idee alla consorte e togliersi dai guai, il dio si trasformò in cavallo e scappò via come il vento. Ma non abbastanza velocemente da evitare di fecondare Filira che, travolta dallo scandalo, fuggì in una grotta del Monte Pelio dove partorì Chirone, in parte uomo e in parte cavallo.

Chirone crebbe forte e saggio, e la fama della sua sapienza si sparse per tutta la Grecia, così che la sua caverna divenne una sorta di università frequentata dai più aristocratici giovani dell'Ellade. Suoi discepoli furono il guerriero Aiace, l'eroe Teseo, l'argonauta Giasone, il dio della medicina Esculapio, l'infaticabile Ercole, il dio del vino Bacco e il giovane Achille, al quale Chirone trapiantò il calcagno di un gigante per rimediare ai danni provocatigli dalla madre Teti mentre tentava di rendere immortale il suo bambino.

Insomma, un centauro che si distinse nelle arti e nelle scienze, che fu celebrato per saggezza e bontà, ma che morì nel modo più assurdo a causa della barbara natura dei suoi fratelli. Il dramma ebbe origine quando i selvaggi centauri aggredirono Ercole, che si difese e contrattaccò inseguendo gli assalitori fin sulla soglia della grotta del buon Chirone, dove cercavano di rifugiarsi. Fu allora che una freccia di Ercole colpì per caso Chirone ferendolo a un ginocchio.

Una ferita piccola ma gravissima, perché Ercole aveva intinto le frecce nel sangue velenoso dell'Idra, che provocava la morte fra atroci dolori. Una situazione disperata resa ancora più tragica dal fatto che Chirone, essendo figlio di un dio, era immortale e per questo destinato a soffrire in eterno. Il dolore si fece sempre più tremendo finché Chirone, conscio del suo destino, pregò Giove di privarlo dell'immortalità e lasciarlo morire in pace. Il padre degli dèi lo accontentò e il saggio Centauro balzò in cielo.

Le belle favole scritte nei cieli africani

Nei deserti il cielo notturno sembra una volta solida, con le stelle che brillano come cristalli a portata di mano. Un tempo il cielo doveva essere così ovunque; ora ne rimangono solo poche tracce negli angoli più remoti del pianeta, soprattutto fra le montagne e nei deserti, dove le stelle sono ancora in grado di raccontare le loro storie a chi le guarda con gli occhi pieni di poesia. Alla domanda su chi avesse creato il cielo stellato che rischiarava la gelida notte di un gruppetto di Boscimani accampati ai margini del grande deserto del Kalahari, in Botswana, un uomo rispose disegnando su un pezzo di carta una vera e propria scena della creazione. Alle origini del tempo, spiegò, c'era il grande creatore che generava, trattenendole dentro di sé, tutte le creature dell'universo; ma così facendo la sua pancia divenne talmente piena di vita e grande, che un giorno esplose spargendo tutti quegli esseri per il mondo. E nacquero antilopi, giraffe, vermi, cavallette, mantidi, struzzi, serpenti, formichieri, uomini, donne, alberi, bacche e radici succose.

Quindi l'uomo iniziò a descrivere il cielo dove, invece, abitano gli spiriti degli antenati che ogni sera, proprio come fanno i cacciatori nella savana, accendono i fuochi dei loro bivacchi, riempiendo la notte di puntini luminosi, le stelle.

Questo era il cielo dei Boscimani fin dall'inizio dei tempi ma, una notte di qualche decennio fa, tutti videro una stella mai vista prima passare veloce da un lato all'altro del buio, poi altre ne apparvero correndo di qua e di là, ognuna per la sua strada; ogni notte tornavano puntuali, come se ci fossero sempre state, e negli accampamenti tutti guardarono il cielo in silenzio. Poi i gio-

1. La galassia di Andromeda o M31. È una galassia spirale molto simile alla nostra Via Lattea, ma più grande. Se potessimo vederle da fuori, l'una accanto all'altra, M31 sarebbe circa tre volte più brillante. Dal nucleo centrale, la parte più luminosa, escono le braccia spirali, disegnate da strisce scure dovute alle polveri che ci nascondono la luce delle stelle. È ben visibile la piccola galassia ellittica M32, di aspetto quasi circolare, sovrapposta al braccio spirale più esterno.

2. La galassia del Triangolo o M33, vista di fronte. È una galassia spirale con le braccia molto sviluppate. È più piccola della Via Lattea e quasi tre volte meno luminosa. Sono ben visibili le strisce scure dovute alle polveri interstellari.

3. La Grande Nube di Magellano, che mostra un abbozzo di barra da cui escono due deboli braccia.

4. La Piccola Nube di Magellano, di forma irregolare. La Grande e la Piccola Nube di Magellano sono satelliti della Via Lattea.

5. *In alto:* La Via Lattea osservata in luce visibile. Spiccano le regioni brillanti di idrogeno ionizzato dalla luce delle stelle immerse in esse e le estese strisce scure dovute alle polveri addensate soprattutto lungo l'equatore galattico. *Al centro:* La Via Lattea in onde radiometriche, la cui intensità è rappresentata con colori convenzionali: le zone più intense in varie sfumature di azzurro e le più deboli in rosso. *In basso:* La Via Lattea osservata alla lunghezza d'onda di 21 centimetri, la tipica emissione del gas idrogeno alle basse temperature del mezzo interstellare. La striscia bianca indica la forte concentrazione dell'idrogeno lungo l'equatore galattico.

6. La galassia spirale M51, detta anche Galassia Vortice, visibile nella costellazione dei Cani da Caccia, vista perfettamente di fronte, con la piccola galassia satellite NGC 5195, quasi agganciata dal braccio spirale più esterno tramite un ponte di materia.

7. Il satellite Herschel, uno strumento dell'agenzia spaziale europea, è il più grande telescopio spaziale per lo studio del cielo nell'infrarosso. Ha uno specchio di 4,5 metri di diametro ed è stato costruito con lo scopo di studiare formazioni stellari e galattiche nell'infrarosso lontano, cioè a lunghezze d'onda comprese fra qualche decina di micron e il millimetro, radiazioni che vengono emesse soprattutto da corpi freddi, a temperature inferiori a qualche centinaio di gradi assoluti, e in particolare da stelle in formazione. È intitolato al grande astronomo britannico di origine tedesca William Herschel, che è stato uno dei primi studiosi della struttura della Via Lattea.

8. La nebulosa Carena, che si trova a circa 7.500 anniluce dalla Terra.

9. La nebulosa *Homunculus*, che fa parte della grande nebulosa Carena, resto dell'esplosione della stella Eta Carinae.

10. La nebulosa del Granchio, resto dell'esplosione della supernova del 1054. Il fondo bianco amorfo è dovuto all'emissione da parte di elettroni aventi velocità prossime a quelle della luce, nel campo magnetico della nebulosa, che è un vero e proprio sincrotrone naturale. Le striature che ricordano le zampe di un granchio sono dovute a emissioni di idrogeno e altri gas ionizzati.

11. Resto della supernova Cassiopeia A osservato in radiazione visibile. Nell'immagine si vedono solo dei frammenti di gas che si allontanano da un centro comune. Essa si trova a circa 9.000 anniluce, e ciò significa che stiamo osservando un evento avvenuto 9.000 anni fa. Dalla velocità di espansione si deduce che la supernova che ha dato origine alla nebulosa è esplosa circa 260 anni prima.

12. Radiosorgente resto della supernova esplosa nel 1572 e denominata «Tycho Brahe» dal nome dell'astronomo danese che ne osservò le variazioni luminose con una precisione che potremmo definire moderna.

13. Dettaglio della nebulosa NGC 6960 nella costellazione del Cigno, detta anche nebulosa Velo per la sua struttura evanescente.

14. Centaurus A, una forte radiosorgente identificata con una strana galassia, NGC 5128.

15. L'ammasso globulare M13 nella costellazione di Ercole, una numerosissima famiglia di stelle vecchia di almeno 13 miliardi di anni. Per confronto, ricordiamo che l'età del Sole è circa 5 miliardi di anni e la Terra si è formata 4,6 miliardi di anni fa.

16. L'ammasso delle Pleiadi, una giovane famiglia di stelle. Ne fanno parte stelle molto giovani, di cui le sette più luminose, ben visibili a occhio nudo, sono ancora inviluppate in una tenue nube, il resto di quella da cui si sono formate, che le avvolge come una specie di placenta. L'età dell'ammasso è stimata a una ventina di milioni di anni.

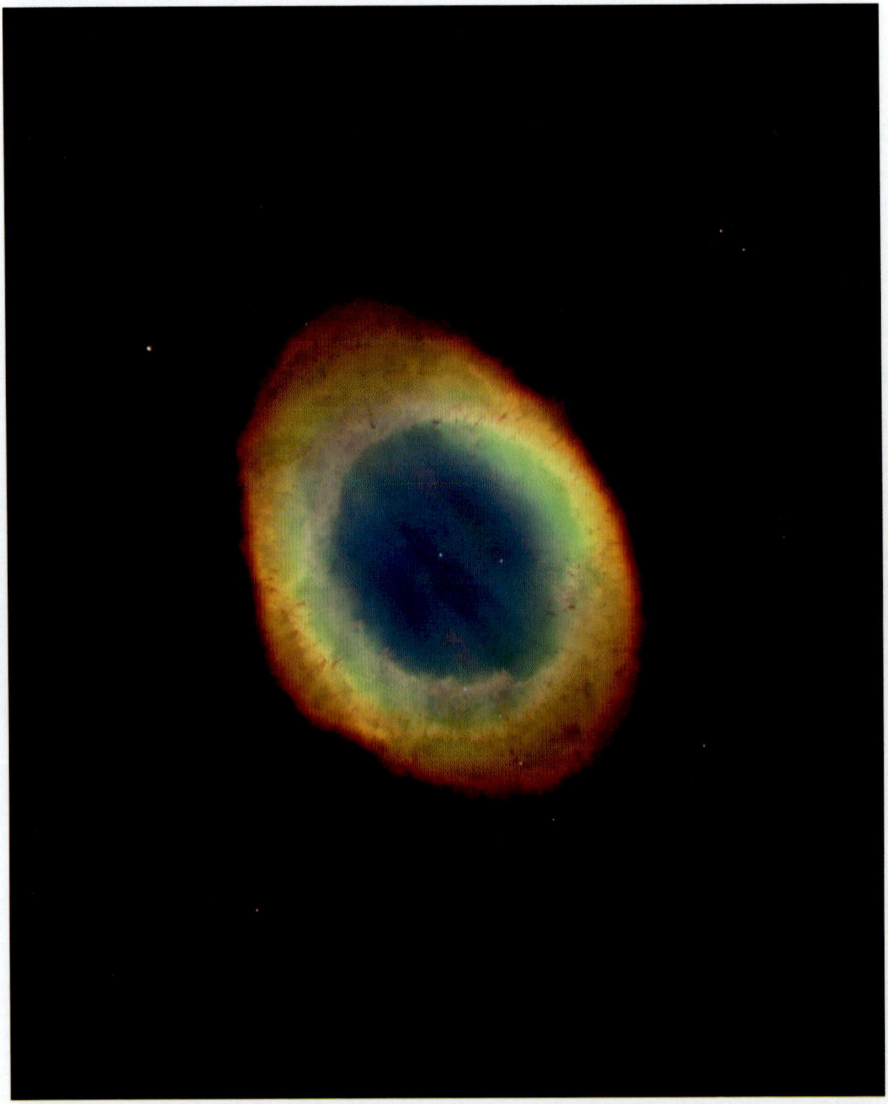

17. M57, nella costellazione della Lira, detta nebulosa ad anello per la sua forma. È ciò che resta di una stella grande più o meno come il Sole, ed è ciò che il Sole diventerà fra più di 5 miliardi di anni. Al centro, una stellina piccola e molto calda: una nana bianca, circondata da un guscio di gas, che era l'atmosfera estesa e rarefatta che circondava la stella nella fase precedente, quella di gigante rossa.

18. La nebulosa Trifide, nella costellazione del Sagittario, così chiamata perché alcuni filamenti di polveri la dividono in tre parti, facendola assomigliare al muso di un gatto d'angora.

19. La grande nebulosa di Orione, M42, vera e propria incubatrice di stelle neonate.

20. Uno strano addensamento di polveri disegna nella nebulosa di Orione la famosa Testa di Cavallo. La luce delle stelle retrostanti diffusa dalle polveri ricorda la luce diffusa del Sole nascosto dalle nubi.

21. L'ammasso della Vergine, una grande famiglia di galassie, è quello più vicino, a soli 50 milioni di anniluce. È anche il centro di una famiglia di ammassi, il superammasso alla cui periferia si trova il nostro piccolo Gruppo Locale.

22. La galassia Sombrero, M104, vista perfettamente di taglio. Gli addensamenti di polvere sparsi lungo l'equatore la tagliano a metà.

23. M87, una tipica rappresentante della famiglia di galassie con nuclei centrali sede di fenomeni esplosivi. Si vedono chiaramente delle concentrazioni luminose uscenti dal suo nucleo.

Figura 40. Duplice zodiaco dipinto in una tomba rinvenuta ad Athribis, nella regione del delta del Nilo. Dalle posizioni celesti raffigurate è stato possibile datare la parte superiore al 6-7 gennaio 148 d.C., e quella inferiore al 26-27 aprile 141 d.C.

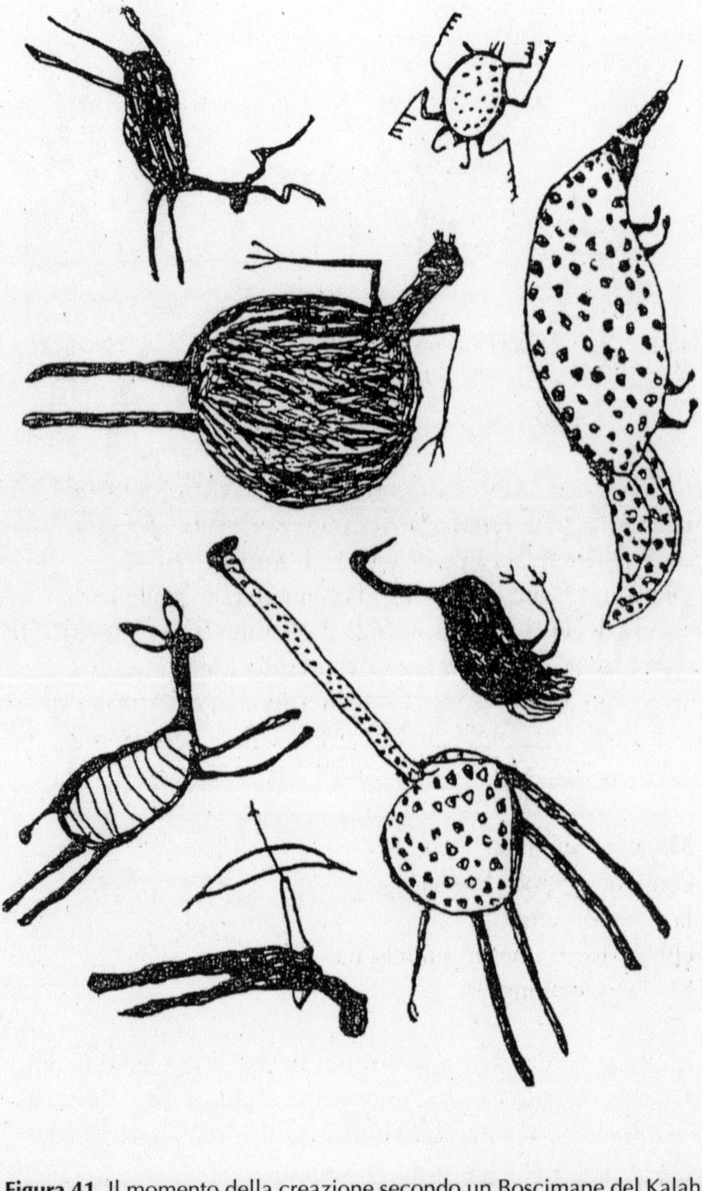

Figura 41. Il momento della creazione secondo un Boscimane del Kalahari: la pancia della divinità crebbe e scoppiò, generando tutti gli esseri viventi.

Figura 42. Costellazioni circumpolari egizie raffigurate nella tomba di Sethi I (1291-1279 a.C.); in particolare la costellazione del Drago (Ippopotamo).

vani chiesero ai vecchi, le donne parlarono tra loro finché i piccoli si addormentarono, ma nessuno seppe dire che cosa stava succedendo negli accampamenti degli spiriti.

Finché uno straniero disse ai Boscimani che quelle piccole luci in corsa nel buio non erano i falò degli antenati, ma stelle di ferro che gli uomini bianchi mandavano sulla Luna. I vecchi ascoltarono e stettero in silenzio; i giovani invece spalancarono gli occhi e sognarono le stelle dei bianchi, affidando le speranze a una cantilena triste e sempre uguale che la sera cantavano in gruppo:

Mamma, mamma,
comprami *Apollo Eleven*,
la stella di ferro
che porta gli uomini sulla Luna.
Mamma, mamma.

Ma le tribù dei Boscimani sono diverse e le idee differenti, anche su cosa c'è in cielo. Così ci sono vecchie donne che, quando vedono la notte affacciarsi dall'orizzonte della sera, raccontano una storia che piace tanto ai bambini.

Dopo una giornata di duro cammino nel cielo, spiegano indicando il percorso con la mano, il Sole è stanco e ha bisogno di dormire qualche ora per riprendere le forze, quindi si sdraia nella sua capanna ai confini del mondo e si copre con una vecchia coperta per ripararsi dal freddo della notte. La coltre nasconde la sua luce accecante e il buio scende sul Kalahari; ma è una coperta molto vecchia e piena di buchi, così la luce ci passa attraverso e nel cielo nero appaiono tanti puntini luminosi: ecco cosa sono le stelle.

Stessa aria da favola poetica nei racconti celesti dei contadini Dogon, che vivono nei villaggi di fango lungo la grande falesia di Bandiagara, in Mali. Un tempo molto lontano, narrano, il cielo era talmente vicino alla Terra che alla sera le mamme staccavano qualche stellina dal buio della notte per far giocare i loro bambini prima che prendessero sonno; poi le rimettevano a posto.

Chioma di Berenice

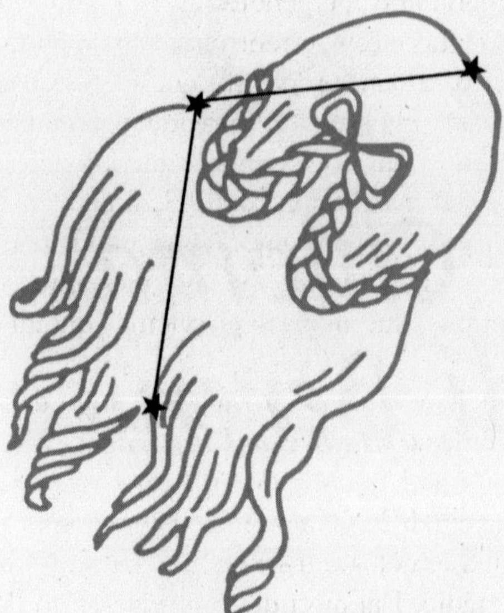

La scoperta della materia oscura

Chioma di Berenice è una costellazione dell'emisfero settentrionale, situata fra i Cani da Caccia e la Vergine: raggiunge la massima altezza sull'orizzonte a mezzanotte, verso i primi di aprile. Un'immaginaria linea perpendicolare al piano della Via Lattea incontra la volta celeste settentrionale in un punto detto Polo Nord galattico, situato proprio in questa costellazione. Prolungata dalla parte opposta, la linea immaginaria incontra la volta celeste in un punto dell'emisfero meridionale detto Polo Sud galattico, nella costellazione dello Scultore.

Visibile in questa costellazione c'è una grande famiglia di galassie, l'ammasso della Chioma, che, assieme a quello della Vergine, rappresentano i due ammassi più vicini e quindi meglio conosciuti.

L'ammasso della Chioma si trova a 300 milioni di anniluce. È classificato come un ammasso regolare binario, perché al centro ci sono due grandi galassie dominanti, NGC 4874 e NGC 4889. Contiene più di 2.000 membri e ha una forma grossolanamente sferica, ed è, nel suo insieme, una sorgente di raggi X e anche di onde radio. Dai moti delle galassie entro l'ammasso e dagli effetti gravitazionali dell'intero ammasso su di esse e sul gas torrido che dà luogo alle emissioni di raggi X si può calcolare la massa totale dell'ammasso, che risulta assai maggiore della massa ottenuta sommando quelle delle singole galassie e del gas diffuso, un risultato che era stato trovato per la prima volta dall'astronomo svizzero Fritz Zwicky nel 1933 e che è stata la prima prova della presenza di materia oscura.

Malgrado si trattasse di una scoperta del tutto inaspettata, non fece notizia e non riscosse molto credito. In parte ciò fu dovuto alla personalità di Zwicky. Sebbene i risultati delle osservazioni e degli esperimenti dovrebbero essere sempre la principale ragione della credibilità di una scoperta scientifica, il carattere di chi la fa è spesso di estrema importanza. Il proverbio dice che l'abito non fa il monaco, ma in realtà lo fa, eccome! Zwicky era un tipo un po' strano, incurante del suo aspetto fisico, molto trasandato, in un'epoca in cui gli scienziati non avrebbero mai portato i jeans con le toppe sul sedere e non sarebbero mai andati a un congresso senza giacca e cravatta, a meno che non si chiamassero Einstein. Così, quando Zwicky in ogni congresso si alzava regolarmente a ripetere, col suo vocione, nel suo inglese dal fortissimo accento tedesco: «As I said in 1933...» «As I said in 1935...» «As I said in 1950...» più che ascoltarlo seriamente la platea ridacchiava. Solo negli anni Sessanta, dopo gli sviluppi delle tecniche radioastronomiche e le ripetute osservazioni delle velocità di rivoluzione, nella nostra e in molte altre galassie, di oggetti radioemittenti situati nelle parti più periferiche, come le nubi di monossido di carbonio, si è potuto capire che se essi restavano legati alla loro galassia, ciò era possibile soltanto perché la massa totale era di molte volte superiore a quella visibile. Solo allora si è cominciato a parlare di «materia oscura». Oggi nessuno ne nega l'esistenza, anche se non sappiamo che cosa sia, anzi si pensa sia fondamentale per spiegare la formazione delle galassie.

Oltre alle due galassie dominanti situate al centro dell'ammasso, che gli hanno valso la denominazione di ammasso binario, ce n'è una terza, NGC 4839, situata alla periferia, in direzione sud-ovest rispetto al centro. L'immagine a raggi X dell'ammasso mostra una struttura circolare caratterizzata da due distinti anelli attorno al centro e un getto diretto verso sud-ovest, in direzione della terza galassia. L'intera sorgente X si estende per circa 2,6 milioni di anniluce.

L'ex voto della regina tanto innamorata

Finalmente, anziché un dio, una ninfa oppure un animale più o meno mitici, tra le costellazioni troviamo una persona in carne e ossa. Si chiamava Berenice, nacque nel 267 a.C. ed era fi-

Figura 43. La Chioma di Berenice fu ideata da un astronomo per giustificare la scomparsa dal tempio dei capelli donati come ex voto dalla regina.

glia di Magas, re di Cirene, che in punto di morte la promise in sposa a Tolomeo III, faraone d'Egitto, sapendo bene che con quel matrimonio la Cireanica sarebbe finita sotto il rassicurante controllo dell'Egitto.

Ma sua moglie Adama, la regina, aveva altri progetti politici e decise di dare la figlia in moglie a un suo cugino il quale, mentre aspettava il giorno del matrimonio, finì nel letto della stessa Adama. Berenice si ribellò all'affronto, fece uccidere l'uomo e fuggì ad Alessandria da Tolomeo, che subito la sposò facendone la sua terza moglie. Berenice aveva poco più di sedici anni, era bellissima e davvero innamorata, tanto che quando Tolomeo le annunciò di dover partire per guidare il suo esercito contro la Siria, si disperò e pianse, poi andò a pregare nel tempio della dea Arsinoe Zefirite, una Venere africana, promettendo di tagliarsi i bei capelli biondi, una rarità per una donna della Cirenaica, se il marito fosse tornato sano e salvo dalla guerra.

Tolomeo partì per la campagna di Siria e guerreggiò quattro anni prima di rientrare vittorioso ad Alessandria, dove Berenice lo accolse a braccia aperte. Poi la regina andò al tempio dove mantenne la promessa tagliandosi i capelli, che lasciò come ex voto accanto alla statua della dea. Ma la mattina dopo la chioma era scomparsa e il faraone, furente, chiese spiegazione ai sacerdoti del tempio che furono salvati dal provvidenziale intervento dell'astronomo greco Conone, il quale placò le ire reali invitando Tolomeo e Beatrice a osservare bene il cielo sopra la Vergine, dove luccicava un gruppetto di stelle che erano apparse proprio la notte precedente – così disse lui –, mentre sparivano i capelli della regina. E non era un caso, affermò: quello scintillìo emanava esattamente dalla bionda chioma di Berenice che gli dèi avevano voluto sistemare in cielo per premiare la devozione della giovane regina. La spiegazione inorgoglì i sovrani e la Chioma di Beatrice brillò nel cielo. Questo è quanto raccontò Callimaco, illustre poeta e filosofo d'origine cirenaica, nel suo poema intitolato, appunto, *Chioma di Berenice*, che gli valse la nomina a direttore della Biblioteca di Alessandria.

Gli storici raccontano che Berenice fu una donna coraggiosa, con un grande amore per i cavalli con i quali, verso il 243, vinse una gara ai giochi Nemei, dopodiché partecipò anche alle Olimpiadi. Fu un personaggio molto noto nell'antichità ma della sua costellazione, che pure era stata incisa sul globo celeste di Alessandria, lentamente si perse memoria; solo nel 1551 il geografo olandese Gerardus Mercator la recuperò disegnandola nella sue mappe celesti, e nel 1602 tornò a brillare nel cielo a pieno titolo grazie al catalogo stellare di Tycho Brahe.

LA STORIA

Guerre stellari nel cielo degli Aztechi

Gli Aztechi, popolo dalle forti connotazioni guerriere, avevano come principale divinità un dio della guerra. Si chiamava Huitzilopochtli, «Colibrì del Sud», e il mito della sua nascita è stato interpretato come la drammatica rappresentazione della vittoria del Sole sugli dèi dell'oscurità. Teatro del dramma cosmogonico fu Coatepec, la «Montagna serpente», una collina non lontana dall'antica città di Tula.

Prima della creazione dell'umanità, racconta il mito, la dea-Terra Coatlicue mise al mondo Coyolxauhqui, la Luna, e una quantità di fratelli noti come i Quattrocento, gli Innumerevoli, cioè le Stelle, quindi si ritirò in un tempio a Coatepec per condurre una vita riservata e casta. Ma un giorno, mentre era inten-

Figura 44. Sacerdoti-astronomi messicani raffigurati su codici precolombiani. I bastoncini incrociati e l'occhio indicano l'osservatorio astronomico.

ta a pulire il pavimento, vide per terra una piccola palla di piume colorate, la raccolse e se la mise nel perizoma; quando ebbe finito si sedette per riposare e cercò la palla per guardarla meglio accorgendosi però che era scomparsa.

Sgomenta, capì che la palla di piume l'aveva fecondata e presto avrebbe avuto un nuovo bambino che certamente non sarebbe stato accettato dagli altri figli. Non passò molto tempo prima che gli Innumerevoli si accorgessero che la pancia della loro madre si ingrossava ogni giorno di più e, per niente soddisfatti dalla prospettiva di dover accogliere un fratello che avrebbe rivendicato la sua parte di potere divino, ne parlarono con la sorella Coyolxauhqui per decidere il da farsi. «Fratelli miei», disse decisa la dea della Luna, «nostra madre ci ha disonorati e aspetta un bambino; non possiamo che ucciderla.»

Coatlicue, terrorizzata dalla decisione dei figli, si rinchiuse nel tempio aspettando la fine, ma il bambino che aveva nel ventre le parlò assicurandole che era già pronto a nascere e che l'avrebbe difesa da ogni pericolo. Infatti, quando gli Innumerevoli e la Luna entrarono nel tempio per uccidere la madre, il bambino nacque, forte e con in mano una spada sfolgorante, il «Serpente di turchesi». Così armato, il neonato Huitzilopochtli, il Sole, si avventò sugli assalitori e con un colpo tagliò di netto la testa a sua sorella Coyolxauhqui, il cui corpo precipitò dalla collina spezzandosi in varie parti (fasi lunari); braccia, gambe e busto finirono in posti diversi. Poi il giovane dio si gettò all'inseguimento degli Innumerevoli coperti di lucide corazze, li raggiunse e ne fece strage, scaraventandone i corpi in cielo, dove ancora brillano come stelle.

Questa è la lettura cosmologica che fu data un secolo fa al mito della nascita di Huitzilopochtli e che trovò un preciso riscontro negli anni Settanta del secolo scorso, durante gli scavi dei resti del Templo Mayor, la piramide doppia che un tempo dominava la piazza centrale di Tenochtitlan, la capitale degli Aztechi, oggi Città del Messico. Alla base della grande scalinata che saliva sulla sommità della piramide fu rinvenuta una lastra circolare di pietra, di tre metri di diametro, scolpita con l'immagine di Coyolxauhqui, la Luna, con la testa e gli arti staccati dal busto, proprio come narra il mito (Figura 45).

Sulla sommità del Templo Mayor, c'erano originariamente due tempietti dedicati rispettivamente a Tlaloc, dio della pioggia, e Huitzilopochtli, dio del Sole e della guerra, e da fonti storiche del XVI secolo sappiamo che il lato sud della piramide era dedicato a Huitzilopochtli e simboleggiava la mitica collina di Coatepec.

Il fatto che il monolito della Luna sia stato ritrovato proprio ai piedi del lato sud della scalinata, fa capire che i cadaveri delle persone sacrificate dai sacerdoti davanti alla cella del dio e poi buttati giù dalla scalinata «replicavano» ritualmente l'uccisione di Coyolxauhqui, la Luna.

Figura 45. Il monolito con l'immagine di Coyolxauhqui, la dea della Luna degli Aztechi. Il corpo smembrato indicherebbe le fasi lunari.

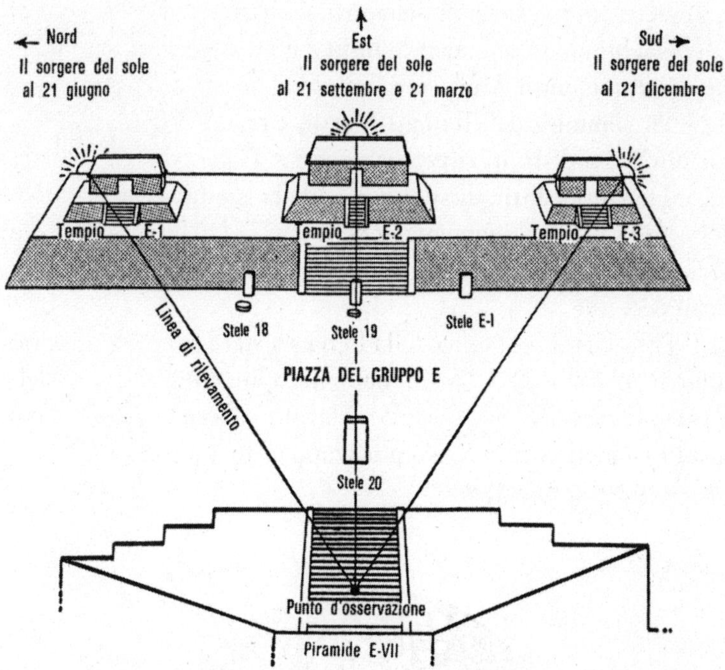

Figura 46. Dalla sommità della scalinata di una piramide della città maya di Uaxactún (Guatemala), un osservatore posto sulla gradinata della grande piramide poteva determinare solstizi ed equinozi.

Secondo la mitologia azteca, il terribile scontro che Huitzilopochtli dovette sostenere appena nato affinché il mondo non fosse dominato dai signori delle tenebre si ripeteva, di fatto, ogni mattina quando il Sole, appena nato, doveva vincere l'oscurità. Era una battaglia perenne che poteva stremare il giovane astro e provocare la fine degli uomini; e per questo gli Aztechi, il popolo eletto di Huitzilopochtli, dovevano sacrificare esseri umani il cui sangue serviva a nutrire il nuovo Sole, assicurando così l'ordine cosmico e la continuazione della vita sulla Terra.

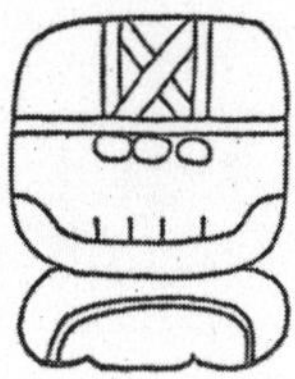

Cigno

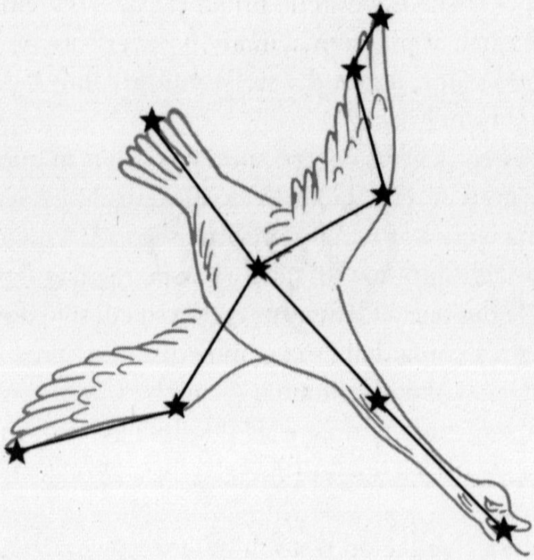

Nove stelle brillanti e un buco nero

Cigno è una costellazione boreale situata fra Cefeo e Volpetta e culmina a mezzanotte, alla fine di luglio. È facilmente riconoscibile per le sue nove stelle brillanti che disegnano una croce, e nelle quali si può immaginare di vedere anche un grande uccello con le ali spiegate. La stella più brillante è Alfa Cygni, detta anche Deneb.

Ci sono ben quattro oggetti speciali visibili in questa costellazione: Cygnus A, la nebulosa Velo, Cygnus X-1 e Cygnus X-3.

La prima è una forte radiosorgente, seconda solo a Cassiopeia A, e coincide con una lontana galassia, tagliata da una fascia scura, simile dunque a Centaurus A, ma su cui si vedono pochissimi dettagli, a causa della sua grande distanza, circa 750 milioni di anniluce. Come Centaurus A, anche Cygnus A è composta da una sorgente centrale e da due lobi esterni, in posizione simmetrica rispetto a quella, alla quale sono collegati da lunghi filamenti.

La nebulosa Velo è un resto di supernova, emittente sia luce sia radiazione infrarossa e radio. L'immagine visibile mostra tanti tenui, sottili filamenti, estesi per circa un grado (pari dunque a due diametri lunari) in direzione nord-sud (*vedi* inserto, foto 13). Nel *New General Catalogue* è classificata NGC 6960, ma è strettamente associata ad altre nebulosità irregolari: NGC 6979, 6992, 6995. Dalla misura dei moti del gas, sia tramite l'effetto Doppler, che indica che i filamenti si avvicinano a noi a una velocità di 45 km/sec, sia da fotografie eseguite a distanza di parecchi decenni, che indicano un'espansione di 6 secondi d'arco per secolo, si può dedurre che si trova a una distanza di circa 1.000

anniluce e che l'espansione è cominciata circa 30.000 anni fa. Si tratta dunque di una supernova preistorica. Le emissioni radio, infrarosse e a raggi X indicano che tutta l'area, estesa almeno 3 gradi, contiene frammenti di deboli filamenti gassosi.

Cygnus X-1 è una delle più forti sorgenti di raggi X ed è il primo oggetto scoperto che può essere associato a un buco nero. Essa coincide con una stella doppia, HDE 226868; le osservazioni spettroscopiche indicano che un flusso di materia è diretto dalla stella visibile verso la sorgente X-1, e facendo alcune ragionevoli ipotesi sulla massa della stella visibile si può stabilire che la compagna ha una massa di almeno sette volte quella del Sole. Dalla teoria sappiamo che anche le stelle di neutroni, come le nane bianche, non possono superare una certa massa. Per le nane bianche il gas degenerato che le costituisce non è in grado di sopportare una massa superiore a 1,44 masse solari, cioè il limite di Chandrasekhar; così il gas di neutroni che costituisce uno stato ancora più denso della materia, e che ha dato il nome alle stelle di neutroni, non è in grado di sopportare masse superiori a 3,2 masse solari. Di conseguenza deve trattarsi di uno stato ancora più denso, appunto un buco nero.

Per capire che cosa sia un buco nero e anche l'origine di questo nome, si pensi a un volume abbastanza piccolo in cui sia concentrata così tanta materia da far sì che la velocità di fuga da questo volume superi anche la velocità della luce, e quindi che neanche la luce possa uscire: dunque veramente un buco nero.

Va ricordato che la velocità di fuga da un qualsiasi corpo, stella o pianeta, è data dalla radice quadrata di 2 volte la costante di gravitazione moltiplicata per la massa del corpo e divisa per il suo raggio. Prendiamo il caso della nostra Terra. Per sottrarre un razzo alla sua attrazione gravitazionale dobbiamo dargli una velocità superiore alla velocità di fuga, che è 11,2 km/sec. Immaginiamo di poter contrarre tutta la massa della Terra entro un raggio così piccolo da ottenere una velocità di fuga di 300.000 km/sec, la velocità della luce: avremo trasformato la Terra in un buco nero. È facile calcolare che dovremo ridurre il raggio terrestre di 717 milioni di volte, strizzarlo dagli attuali 6.371 chilometri (raggio medio) fino a ridurlo pari a 8,9 millimetri. Così il Sole, la cui velocità di fuga è pari a 617,7 km/sec diventerebbe un buco nero se il suo raggio potesse essere ridotto da 695.000 chilometri a 2,9 chilometri.

L'emissione di raggi X è causata dalle alte temperature, dell'ordine del milione di gradi, che la materia orbitante attorno al buco nero raggiunge, per attrito, prima di cadervi dentro per sempre. Si ha attrito perché la materia ruotante attorno al buco nero segue le leggi kepleriane e le particelle più vicine orbitano in modo più rapido di quelle più lontane.

Anche Cygnus X-3 è una stella doppia. La stella visibile è una stella molto più grande e calda del Sole, la cui temperatura superficiale è circa 100.000 gradi, e deve essere molto giovane perché stelle così grandi e calde bruciano tanto rapidamente il loro combustibile nucleare che la loro vita dura solo pochi milioni di anni. Essa emette una gran quantità di particelle – il cosiddetto «vento stellare» – che, attratto dalla compagna invisibile, le forma attorno un disco emittente raggi X e gamma. Questi ultimi sono stati scoperti dal satellite per raggi gamma AGILE, interamente italiano. La compagna invisibile potrebbe essere una stella di neutroni o un buco nero. La particolarità di Cygnus X-3 consiste nel fatto che da essa arrivano periodicamente dei getti di gas emittenti raggi gamma, e la periodicità di 4,8 ore è identica al periodo orbitale del sistema binario. È questa la prova certa che le emissioni gamma sono in effetti dovute al sistema binario, e possono raggiungerci ogni volta che, durante la sua orbita, il getto è rivolto verso la Terra.

Oltre a questi oggetti particolarmente interessanti, nel Cigno si trova una stella variabile appartenente alla famiglia delle «simbiotiche», CH Cygni, una mia vecchia conoscenza.

Le stelle simbiotiche sono state chiamate così perché il loro spettro presenta le caratteristiche proprie delle giganti rosse, ma anche indizi della presenza di una sorgente molto calda, quindi una simbiosi fra oggetti diversi. Tutte le simbiotiche poi sono variabili irregolari.

CH Cygni fu scoperta da una mia allieva, Rosanna Faraggiana, durante una notte di osservazione al telescopio nazionale francese di Saint Michel, in Alta Provenza, uno dei pochi luoghi che negli anni Settanta erano rimasti in Europa ancora abbastanza liberi da inquinamento luminoso. Fino al 1963 di CH Cygni si sapeva che era una comunissima gigante rossa leggermente variabile e il periodo, cioè l'intervallo fra due massimi di luce consecutivi, non era rigorosamente costante, ma compreso fra 97 e 101 giorni. Queste caratteristiche la ponevano nell'ampia famiglia delle «variabili semiregolari». Queste stelle hanno una bassa temperatura superficiale, inferiore ai 3.000 gradi, quindi emettono una luce rossastra, e il loro spettro indica completa mancanza di luce azzurro-violetta, che è caratteristica delle stelle calde, con temperature superficiali di 10.000 e più gradi. Osservazioni fatte nel 1961 confermavano per CH Cygni queste caratteristiche di gigante rossa.

Nel settembre 1963 un astrofisico americano dette notizia che nello spettro di CH Cygni era apparsa un'emissione continua nell'azzurro-violetto, indice della presenza di una compagna molto calda. Ma altre osservazioni fatte da me e collaboratori nel 1965 non ne mostravano più traccia. Nel giugno 1967 riappare lo spettro azzurro-violetto, e anche osservando direttamente l'immagine della stella al telescopio si notava che il suo colore non era più rossastro, ma tendente al bianco-azzurro. Nell'autunno del 1970 CH Cygni ha di nuovo il suo colore rossastro. Il fenomeno si ripete nel 1977 e termina nel 1988. Dal 1978 CH Cygni fu osservata anche nell'ultravioletto con IUE, il telescopio su satellite. Mettendo insieme tutti i risultati delle osservazioni fatte sia da Terra nel visibile, cioè dal rosso al violetto, sia con IUE nell'ultravioletto, e anche di alcune fatte da satelliti per raggi X e per l'infrarosso, si può ipotizzare che CH Cygni sia una stella doppia, composta di una gigante rossa e di una stella calda. La gigante rossa è una variabile semiregolare con periodo intorno ai 100 giorni, e molte altre variazioni spettrali indicano che il periodo orbitale descritto dalle due stelle attorno al comune baricentro è di circa 16 anni.

Le apparizioni e scomparse dello spettro continuo azzurro-violetto sono spiegate dalla formazione di un disco di gas caldo attorno alla compagna, prodotto dal «vento» della gigante rossa. Questa, infatti, a causa della bassa densità del suo inviluppo, perde continuamente materia che, attratta dalla compagna, le ruota attorno con moto a spirale, formando il disco e in parte precipitandovi sopra. Il riscaldamento è tale da dar luogo anche a emissioni a raggi X. Le durate dei vari episodi e gli intervalli fra l'uno e il successivo variano in dipendenza dell'ellitticità dell'orbita. Se l'accumulo di materiale nel disco raggiunge il valore critico necessario per produrre le caratteristiche tipiche di alte temperature quando le due stelle sono alla minima distanza (al periastro), il fenomeno può durare più a lungo che quando sono alla massima distanza (apoastro), anche perché variano l'intensità del vento della gigante rossa e la densità del disco attorno alla compagna calda.

Nello spettro del sistema ci sono molti altri dettagli osservabili che suggeriscono che esso sia circondato da un'estesa debole nube emittente soprattutto radiazioni infrarosse e radio, forse il residuo dell'inviluppo che avvolgeva la compagna. Infatti le osservazioni dei moti orbitali delle due stelle indicano che hanno circa la stessa massa, quasi eguale a quella del Sole. Si può allora ricostruire il loro recente passato evolutivo. La compagna, che ha perso il suo inviluppo e si avvia alla fase di nana bianca, doveva essere originariamente quella di massa un po' maggiore, perché ha iniziato prima la sua fase di «invecchiamento», diventando appunto una nana bianca, mentre l'altra è ancora alla fase di gigante rossa. Qualche centinaio di migliaia di anni fa le parti dovevano essere invertite ed era il vento della compagna che investiva la gigante rossa e che poi ha formato l'inviluppo radioemittente attorno al sistema.

Per spiegare a fondo i dettagli evolutivi e la dinamica del sistema è essenziale l'esame dettagliato dello spettro e conoscere la fisica necessaria per interpretarlo. Ma lo scopo di questa descrizione sommaria è di far capire come le osservazioni in varie regioni dello spettro elettromagnetico, fatte necessariamente con tecniche molto diverse – visuali da telescopi a Terra, con misure prolungate per anni delle variazioni sia degli spettri (misure spettroscopiche) sia dello splendore della stella (misure fotometriche); da radiotelescopi; dallo spazio con telescopi su satelliti ottimizzati per l'osservazione dell'ultravioletto, dei raggi X e dell'infrarosso –, siano necessarie per sbrogliare complessi e contrastanti indizi apparentemente incomprensibili. Lo scopo è anche quello di dimostrare come sia indispensabile il contributo di osservatori da tutto il mondo, perché solo l'osservazione prolungata con continuità per anni e decenni (e in qualche caso per secoli) permette di costruire un modello completo.

Nel campo delle osservazioni delle stelle variabili irregolari e semiregolari è utilissimo il contributo dato dagli astronomi dilettanti – i cosiddetti astrofili – che, disponendo di strumenti modesti ma di molto tempo, possono monitorare oggetti variabili in modo del tutto imprevedibile, e in caso di importanti variazioni di luce allertare i maggiori telescopi sparsi sul globo.

IL MITO

Sempre in volo a ingannare belle donne

La costellazione del Cigno nacque in Mesopotamia dove gli uomini vedevano in quel gruppo di stelle messe in croce un

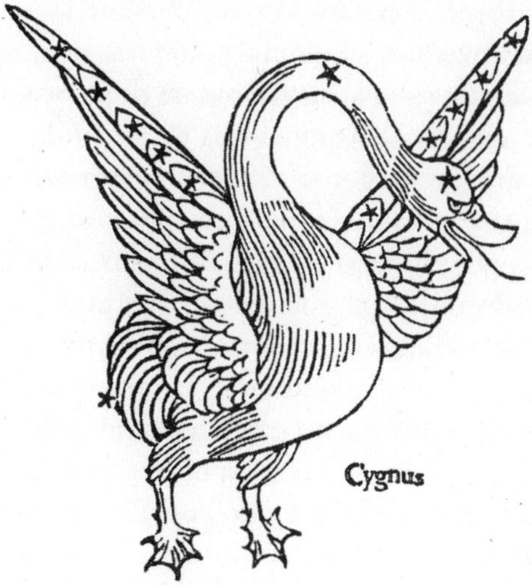

Figura 47. Questa costellazione è alla base di alcuni miti a sfondo sessuale; il più noto racconta l'amore di Leda con Giove tramutatosi in cigno.

«Uccello della Foresta» del quale, però, non sappiamo nulla. E niente sapevano neppure i Greci, tanto che Ipparco e Tolomeo si limitarono a chiamarlo *Ornithos*, l'uccello, mentre Manetone lo identificava con una gallina e solo Eratostene lo battezzò Cigno; nome che gli è rimasto sino a oggi, sebbene gli arabi del X secolo ci vedessero un piccione o una gallina.

Assunta definitivamente l'identità del Cigno durante il Rinascimento, questa antica costellazione ha da raccontarci storie d'amore e di sesso, riferite al mondo classico. Sostanzialmente si tratta di due miti, ciascuno con le sue varianti, ispirati dagli amori di Giove, tramutato in cigno, con la ninfa Nemesi e con Leda, la bella regina di Sparta.

Secondo una delle versioni della storia, Giove si infatuò di Nemesi ma lei non ne voleva sapere e, viste le insistenze del re dell'Olimpo, cercò di sfuggirgli tramutandosi in animali diversi, secondo l'ambiente che attraversava scappando; ma ogni volta Giove si trasformava in un animale più forte e veloce di lei. Così, quando Nemesi assunse le sembianze di un'oca, l'inseguitore si tramutò in cigno, la raggiunse e la prese con la forza.

Una variante del racconto dice che per arrivare all'obiettivo senza costringere Nemesi a troppe metamorfosi, Giove si tramutò in cigno e poi chiese a Venere di prendere le sembianze di un'aquila e inseguirlo come se volesse ghermirlo. Detto fatto, e mentre l'aquila tallonava il cigno, questo si rifugiò in braccio a Nemesi che, temendo per la sorte del pennuto, lo accolse a braccia aperte, con le conseguenze che sappiamo. Salvo poi sostenere che tutto era successo a sua insaputa, perché s'era addormentata e solo al risveglio aveva capito cosa aveva fatto Giove.

In entrambe le varianti, comunque, l'oca-Nemesi depose un uovo che abbandonò in un bosco dove un pastore lo trovò e lo regalò a Leda – la moglie di Tindaro, re di Sparta –, la quale lo tenne in caldo finché si schiuse e nacque Elena, la bella di Troia.

A questo punto la storia si complica perché differenti miti si intersecano con effetti paradossali. Secondo un'altra versione, infatti, la protagonista femminile è solo Leda che si fece sedurre dal cigno-Giove e la stessa notte fece l'amore anche con suo marito Tindaro. Così depose due uova: dal primo uscirono i gemelli Castore e Polluce, dall'altro Elena e sua sorella Clitennestra.

Ma, come capita in quelle vicende tutte moderne di fecondazione artificiale con relativo incidente di laboratorio, Elena e Polluce erano entrambi figli di Giove, ma solo Polluce era immortale; mentre Clitennestra e Castore erano figli di Tindaro, e Castore era mortale.

Il Sole è prezioso, ma ne basta uno

Il Sole è, ovviamente, l'astro principe in tutte le mitologie del mondo, e l'umanità ha elaborato un'infinità di miti per spiegarne la presenza in cielo, dai più semplici e poetici a quelli più colti e strutturati. Al primo tipo appartiene il mito dei pigmei Mbuti, che vivono nella foresta pluviale dell'Ituri, nello Zaire. La divinità più importante del loro pantheon è Khonvoum, dio supremo creatore degli uomini, che li modellò di differenti colori solo perché utilizzò tipi diversi di creta: nera per dare origine ai Neri, bianca per i Bianchi e rossa per creare il popolo dei Pigmei; ma li fece tutti della stessa materia, l'argilla.

Alla fine delle sue giornate di caccia nella savana, appena dopo il tramonto, Khonvoum si incammina nel cielo e passa la notte a raccogliere frammenti di stelle che, prima dell'alba, getta nel Sole per ravvivarne la luce, come si fa con la legna quando i focolari rischiano di spegnersi; in questo modo, rinvigorito dalle scintille di stelle, il Sole torna a brillare come si deve. Così è da sempre e sempre sarà così, dicono i piccoli uomini della foresta.

Stessa poesia nel mito dei pellerossa Irochesi, secondo i quali quando il dio creatore fece uscire dal mare la Terra, gli animali si accorsero che non era possibile vivere in un mondo completamente buio, quindi la tartaruga organizzò un'assemblea per valutare la situazione. Dopo varie discussioni, tutti furono d'accordo nel dire che occorreva sistemare una grande luce in mezzo al cielo affinché la Terra fosse adeguatamente illuminata. Ma si presentarono due problemi: come preparare quella grande luce? E come sistemarla così in alto? Nessuno degli animali presenti si offrì di tentare un'impresa tanto difficile, ma Tartaruga suggerì di

Figura 48. *In alto,* il nome azteco del Quinto Sole (4 Movimento). *Qui sopra,* il volto di K'inich Ajaw, il «Signore Solare» dei Maya.

affidare il compito a Piccola Tartaruga la quale, grazie alle ridotte dimensioni e alla capacità di arrampicarsi sui terreni più impervi, avrebbe potuto inerpicarsi sul difficoltoso sentiero che conduceva al cielo. Disponibile come sempre, Piccola Tartaruga accettò l'incarico e gli altri animali costruirono per lei una grande nuvola nera piena di rocce durissime che, sbattendo tra loro, scatenavano tuoni e lampi abbaglianti. Piccola Tartaruga salì sulla nuvola fabbrica-fulmini che la portò in alto nel cielo, dove raccolse a uno a uno i lampi che sembravano incendiare l'aria e quando ne ebbe riuniti a sufficienza formò una grande palla sfolgorante di luce, il Sole, che lasciò lassù. Da allora, tutti i giorni, il Sole illumina la Terra. Rimaneva però un problema: la notte era troppo buia anche per gli animali notturni, così Piccola Tartaruga decise di continuare il suo viaggio celeste per raccogliere altri lampi, ma ne trovò pochi e con quelli riuscì a formare una palla più piccola e meno luminosa, la Luna. In questo modo, comunque, anche la notte ebbe la sua luce.

Sistemate le due grandi sfere nello spazio, occorreva fare in modo che illuminassero ogni angolo della Terra e per questo avrebbero dovuto muoversi da una parte all'altra del cielo. L'idea risolutiva la ebbe nuovamente Tartaruga, che incaricò gli animali scavatori di preparare due grossi buchi agli estremi confini della volta celeste in modo che il Sole e la Luna potessero entrare e uscire dal cielo ogni mattina e ogni sera.

Ciascuna cultura ha elaborato miti diversi sul Sole, e si può dire che ne esistano tanti quanti sono i popoli della Terra; con almeno un'eccezione, però, davvero singolare: troviamo lo stesso mito sia tra i Dogon del Mali (Africa) sia in Cina. Le due storie, infatti, differiscono solo nei particolari, ma la struttura è la medesima e finora nessuno ha trovato una spiegazione convincente di questo parallelismo intercontinentale.

Per i contadini Dogon che vivono nei villaggi lungo la grande falesia di Bandiagara, tanto tempo fa la volta celeste era molto vicina alla Terra e nel cielo brillavano ben dieci Soli che mandavano sul nostro pianeta un calore così insopportabile che gli uomini erano costretti a stare chiusi nelle case, i raccolti appassivano nei campi inariditi, i pozzi si disseccavano e tutto sembrava dovesse incendiarsi da un momento all'altro. La fine del mondo pareva imminente.

Fu a quel punto che un giovane cacciatore, molto abile nel tiro con l'arco e deciso a fare qualcosa per salvare animali, piante e l'umanità tutta, uscì dalla sua casa di fango e dall'alto della falesia cominciò a scagliare le frecce che, l'una dopo l'altra, trafissero nove Soli mentre il decimo, temendo di fare la stessa fine dei suoi fratelli celesti, corse a nascondersi in una caverna dove nessuno poteva vedere la sua luce abbagliante.

Da quel momento, su tutti i villaggi della falesia scese la notte perenne, e il freddo devastò i raccolti portando alla fame il popolo Dogon. Spaventati, i capifamiglia di tutti i villaggi si riunirono e pregarono insieme, offrirono sacrifici di animali e versarono zuppa di miglio sui feticci per convincere il Sole a tornare

Figura 49. Tavoletta in bassorilievo raffigurante un sovrano babilonese in trono davanti a un altare su cui viene calato un disco solare (855 a.C.).

a illuminare il mondo. L'astro, impietosito dalle sofferenze degli uomini e soddisfatto per le offerte ricevute, uscì dalla caverna e tornò a brillare nel cielo. Da allora, in ricordo di quell'antica riappacificazione con il Sole, i Dogon indossano collane con un pendente di bronzo a forma di Sole raggiato.

Secondo la mitologia cinese, le drammatiche vicende in cui fu coinvolto il Sole si verificarono durante il regno dell'imperatore Yao (2000 a.C. circa), quando esistevano dieci Soli, figli di Di-Jun, dio del Cielo orientale, e di sua moglie Xi He. Questa coppia divina e la sua luminosa prole vivevano in cima a un altissimo albero che cresceva in un territorio a est, oltre l'oceano. Ogni giorno Xi He accompagnava uno dei suoi figli in cielo con un carro tirato da sei draghi volanti che percorrevano tutta la volta celeste per portare, ogni sera, il Sole di turno a riposare su un albero altrettanto grande situato nei territori occidentali.

Un Sole al giorno per i dieci giorni che componevano la «settimana» del calendario, quindi il ciclo ricominciava; sempre uguale. Ma inaspettatamente, disubbidendo agli ordini della madre, i dieci Soli salirono in cielo tutti insieme e subito la luce si fece accecante e il calore insopportabile: le piante seccarono, gli animali iniziarono a morire e anche le pietre più dure si sciolsero, come fossero di cera.

L'imperatore Yao capì che bisognava far qualcosa prima che fosse troppo tardi, così supplicò il dio del Cielo orientale, Di-Jun, di richiamare all'ordine i suoi figli scapestrati. Ma i richiami paterni non valsero a nulla e, visto che il mondo rischiava di incendiarsi come una paglia, il dio mandò sulla Terra un abilissimo arciere chiamato Yi, armato di arco e dieci frecce micidiali, con l'incarico di uccidere tutti i suoi figli che fiammeggiavano in cielo. Yi tese il suo arco possente e cominciò a scagliare frecce abbattendo un Sole dopo l'altro ma, quando ebbe trafitto il nono Sole, l'imperatore Yao si rese conto che gli uomini avevano bisogno di qualcosa che li scaldasse e illuminasse il cielo, così rubò l'ultima freccia all'arciere salvando l'ultimo Sole rimasto, che da allora brilla nel cielo.

Dragone

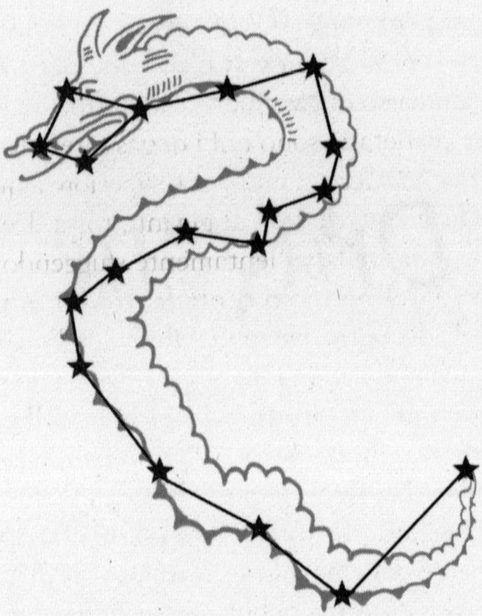

Le nebulose planetarie

Quella del Dragone è una costellazione molto estesa, ma non molto appariscente, situata fra l'Orsa Maggiore e Cefeo, Cigno ed Ercole, e che abbraccia l'Orsa Minore. Raggiunge la massima altezza sull'orizzonte a mezzanotte, a maggio. Proiettata in essa si vede la nebulosa planetaria NGC 6543, in cui William Huggins nel 1864 osservò per la prima volta le «righe nebulari», caratteristiche di un ammasso di gas caldo e rarefatto.

Le nebulose planetarie sono nubi di gas rarefatto che circondano stelle di massa inferiore o di poco superiore a quella del Sole, che hanno traversato la fase di gigante rossa. L'estesa e rarefatta atmosfera della stella va lentamente sfuggendo all'attrazione gravitazionale del nocciolo centrale, ridotto a una densa e calda stellina di diametro paragonabile a quello della Terra – quella che si chiama una nana bianca –, e forma un grande inviluppo ancora più rarefatto attorno alla piccola stella. Pian piano, nel giro di qualche milione di anni, l'inviluppo si disperderà nel mezzo interstellare lasciando la nana bianca «nuda».

Nel 1864 Huggins, che aveva iniziato un'osservazione sistematica degli spettri delle nebulose, dette notizia di avere scoperto la natura gassosa di otto nebulose planetarie, provando che esse non potevano più essere considerate stelle, ma «enormi masse di gas o vapore luminosi». Infatti il loro spettro era costituito da poche righe brillanti senza spettro continuo, in contrasto con l'ipotesi, avanzata da William Herschel (1738-1822) mezzo secolo prima, che esse rappresentassero il «fluido splendente» da cui, per condensazione, si sarebbero formate le stelle.

L'interpretazione degli spettri delle nebulose ha presentato numerosi problemi. Oltre alle ben note emissioni di idrogeno, carbonio, ossigeno e azoto, c'erano due forti righe nel verde, tanto forti da dare alle nebulose il loro colore verdastro, ma che non corrispondevano a nessuna delle righe osservate in laboratorio, e che Huggins attribuì a un elemento sconosciuto, che chiamò «nebulio».

Fu l'astronomo americano Ira Sprague Bowen, nel 1928, a risolvere il mistero del nebulio: non si tratta di atomi sconosciuti, bensì di atomi noti che si trovano a irraggiare in condizioni molto diverse da quelle per noi usuali. Le radiazioni emesse sono state chiamate righe «proibite» perché hanno una bassissima probabilità di verificarsi. Per capire meglio, bisogna ricordare come si verificano le emissioni o gli assorbimenti di radiazione da parte di un atomo. Raffiguriamoci un atomo con un modello che somiglia al sistema solare. Il nucleo, formato di protoni e neutroni, corrisponde al Sole, e gli elettroni (con carica negativa – tanti quanti sono i protoni con carica positiva – cosicché l'atomo è elettricamente neutro) gli orbitano attorno. Perché un atomo possa emettere una riga deve prima assorbire energia. Questa può essergli fornita o da urti con altre particelle o da assorbimento di un fotone. L'elettrone viene portato su un'altra orbita più lontana dal nucleo, ma dopo un tempo che in generale è brevissimo, di circa un centomilionesimo di secondo, ricade nell'orbita più vicina al nucleo riemettendo sotto forma di radiazione l'energia ricevuta. Questa ricaduta può avvenire o con un solo salto o attraverso più salti intermedi, con emissione di una o più righe, ma in ogni caso tutta l'energia assorbita viene riemessa. Di tutti i possibili salti, alcuni sono molto più probabili di altri. Di solito un elettrone resta in uno stato eccitato solo qualche centomilionesimo di secondo prima di ricadere nello stato fondamentale, però ci sono alcuni stati, detti «metastabili», in cui l'elettrone resta per un tempo molto più lungo, anche un secondo o più. In generale la transizione diretta da questo stato metastabile allo stato fondamentale non potrà mai avvenire, perché capiterà sempre un urto che riporta l'elettrone in uno stato di più alta energia. Soltanto in condizioni di estrema rarefazione l'elettrone avrà il tempo di ricadere dallo stato metastabile a quello fondamentale prima di ricevere un urto, ed emetterà allora una riga «proibita».

Bowen scoprì l'origine di varie righe nebulari, dovute all'azoto ionizzato una volta (ossia all'azoto che ha perso un elettrone, il quale ha assorbito energia sufficiente per sfuggire al nucleo), e all'ossigeno ionizzato una e due volte. Le due forti righe verdi che danno il colore a tutta la nebulosa appartengono appunto all'ossigeno due volte ionizzato. L'energia necessaria per eccitare e ionizzare gli atomi proviene dalla calda stella centrale, il nocciolo di quella che era stata una gigante rossa e prima ancora una stella simile al Sole.

La storia del nebulio ricorda quella dell'elio. Le emissioni dell'elio furono scoperte durante l'eclisse del 1868 nello spettro delle protuberanze solari sia dal britannico Joseph Lockyer sia dal francese Pierre J. César Janssen i quali, non potendo attribuirle a nessun elemento noto, pensarono appartenessero a un elemento sconosciuto presente nel Sole e che perciò fu chiamato «elio». Nel 1890 il chimico William Ramsay lo scoprì intrappolato in alcune rocce terrestri.

IL MITO

La bestiaccia a guardia delle mele d'oro

Il drago, grande protagonista di miti e favole, avvolge le sue spire attorno al Polo Nord da oltre 4.000 anni, cioè da quando i Sumeri prima e i Babilonesi poi gli assegnarono il ruolo del cattivo nelle loro storie della Creazione. Il momento cruciale della vicenda, che abbiamo già ricordato, fu quando Marduk, dio del cielo, affrontò in un terribile duello la draghessa Tiamat, signora del caos primordiale e delle acque salate, e la uccise; poi, con le spoglie del mostro creò il cielo e la Terra, e col sangue del marito di lei impastò il fango per creare il primo uomo. Dopo avere così organizzato l'universo, il dio guerriero sistemò l'immagine del drago in cielo avvolgendola attorno al Polo, in ricordo della sua vittoria sul caos.

Per i Greci, invece, il drago si chiamava Ladone ed era protagonista di tutt'altra storia. Quando la dea Giunone s'era sposata con Giove, tutti avevano fatto a gara per farle il regalo più bello, e la dea Gea, la Terra, le aveva donato un albero davvero speciale che produceva mele d'oro, simbolo della conoscenza. Giunone lo piantò in un giardino ben protetto ai confini del mondo e incaricò le Esperidi, un gruppetto di ninfe dall'incerta

Figura 50. Il Drago che fu posto a guardia all'albero delle mele d'oro sembra all'origine del serpente dell'Eden. Nel mito greco fu sconfitto da Ercole.

genealogia, di sorvegliarlo affinché nessuno rubasse quella frutta così preziosa.

Ma loro si dimostrarono del tutto inaffidabili perciò Giunone decise di mettere a guardia del giardino un terribile dragone, Ladone, appunto – figlio del mostro Tefeo e di Echidna, una creatura metà donna e metà serpente –, al quale fu ordinato di avvolgersi letteralmente al tronco dell'albero miracoloso in modo da scongiurare qualsiasi furto.

Il problema sembrava risolto, ma una delle dodici fatiche che Ercole doveva sobbarcarsi per ordine di Euriseo, re di Micene, prevedeva proprio che rubasse quelle mele; l'eroe arrivò nei pressi del giardino delle Esperidi pronto a tentare l'impresa. Però, sapendo che se avesse colto personalmente le mele avrebbe avuto un mare di guai, chiese aiuto ad Atlante, un gigante credulone, condannato a reggere sulle spalle, in eterno, la volta celeste. L'eroe lo pregò di cogliere per lui qualche mela d'oro e il gigante, che non vedeva l'ora di riposarsi un po', rispose che l'avrebbe fatto volentieri se prima Ercole avesse ucciso il serpentaccio; l'eroe accettò e con una delle sue frecce avvelenate trapassò il drago Ladone che stramazzò a terra moribondo. Eliminato il pericolo, Ercole tornò indietro per caricarsi il cielo sulle spalle in modo che il gigante andasse a cogliere le preziose mele. Cosa che Atlante fece subito ma, quando tornò con tre mele d'oro, disse a Ercole di tenersi ancora un po' il cielo sulle spalle, giusto il tempo di andare a consegnare i frutti a re Euristeo.

Ercole capì che Atlante non aveva alcuna intenzione di riprendersi il suo posto, quindi decise di agire d'astuzia e rispose che avrebbe sostenuto il cielo per tutto il tempo che Atlante desiderava ma, per farlo, aveva bisogno di prepararsi un cuscino da mettersi sulle spalle. Atlante cadde nel tranello, così Ercole se ne andò con le mele d'oro e, a ricordo dell'epica impresa, il corpo del drago fu sistemato attorno all'albero miracoloso, l'asse terrestre.

Due miti in cui troviamo azioni e protagonisti che compaiono anche nella Genesi: la creazione dell'umanità col fango della Terra, l'albero della conoscenza ed Echidna, la mostruosa madre del drago, creatura metà serpente e metà donna, che ricorda il serpente tentatore avvolto attorno all'albero dell'Eden.

LA STORIA

La Luna, con quel coniglio sulla faccia

Con le sue fasi, la Luna è stata spesso considerata dagli uomini il simbolo della rinascita, ma c'è un mito dei Boscimani del deserto del Kalahari, nel Botswana, in cui l'astro è associato, non per colpa sua, all'ineluttabilità della morte.

Molto tempo fa, raccontano i Boscimani, la Luna chiamò la tartaruga affidandole un importante messaggio da portare agli uomini: «Devi dire loro», ordinò la Luna, «che come io muoio e rinasco, anche loro moriranno e poi torneranno in vita». La tartaruga ascoltò attentamente e si mise in cammino per raggiungere la Terra degli uomini. Strada facendo, per paura di dimenticare il messaggio, continuava a ripeterselo meccanicamente e, proprio per questo ma anche perché era lentissima e il viaggio era interminabile, finì per confondersi dimenticando le parole che avrebbe dovuto riportare.

La Luna si accorse di quello che stava accadendo e, irritata, chiamò una lepre affidandole lo stesso incarico. La lepre scattò rapidissima ma poi si distrasse, perse tempo e dimenticò che cosa avrebbe dovuto riferire. Non volendo sfidare l'ira della Luna, si presentò agli uomini e provò a ripetere il messaggio, confusamente, rovesciandone persino il senso: «Uomini e donne», dis-

Figura 51. La dea maya della Luna, seduta sulla falce lunare, raffigurata con in braccio il coniglio, suo animale simbolo. Popoli di continenti diversi hanno visto un coniglio nelle macchie lunari.

se più o meno la lepre, «la Luna vi manda a dire che quando morrete sarete morti per sempre!»

Aveva appena finito di pronunciare tali parole, quando finalmente arrivò la tartaruga che nel frattempo s'era ricordata che cosa doveva dire. E infatti riferì esattamente il messaggio, annunciando che dopo la morte tutti gli uomini sarebbero rinati, proprio come accadeva alla Luna. Ma ormai il messaggio era stato comunicato, sia pure in modo sbagliato, e la prima parola è quella che conta. Per questo, da allora, non è mai successo che un defunto sia tornato in vita. In questo modo i Boscimani spiegano il dramma della morte.

In un mito lunare cinese, la Luna è invece associata a un coniglio e basta alzare gli occhi al cielo durante un plenilunio per vederlo, disegnato dalle ombre dei «mari» lunari, seduto sulle zampe posteriori davanti a un pestello da cucina, impegnato a macinare magiche erbe per preparare la pozione dell'immortalità per conto di Chang'e, dio della Luna. Questo mito è presente in versioni simili in molti Paesi dell'Estremo Oriente, ma tutte ebbero origine da un'antica leggenda buddista con carattere moralistico, la Sasajataka, nella quale si spiega perché sulla Luna si vede l'immagine di un coniglio.

Nel giorno dell'anno che i buddisti dedicano alla carità e alla meditazione, racconta il mito, una scimmia, una lontra, uno sciacallo e un coniglio decisero di sfidarsi per vedere chi tra loro era il più caritatevole. Così, quando incontrarono un vecchio uomo sul punto di morire di fame, si impegnarono per trovargli qualcosa da mangiare: la lontra pescò del pesce nel fiume, la scimmia si arrampicò sugli alberi e raccolse tanta frutta, lo sciacallo arrivò persino a rubare del cibo in una casa, mentre il coniglio riuscì a raccogliere soltanto un po' d'erba. Imbarazzato e triste, si presentò al viandante per scusarsi del misero dono ma, visto un gran fuoco acceso lì vicino, si lanciò tra le fiamme e in quel modo offrì le sue carni arrosto all'uomo affamato.

L'uomo, in realtà, era Sakra, il sovrano del cielo che, impressionato e commosso dall'eroico altruismo dell'animale, decise di

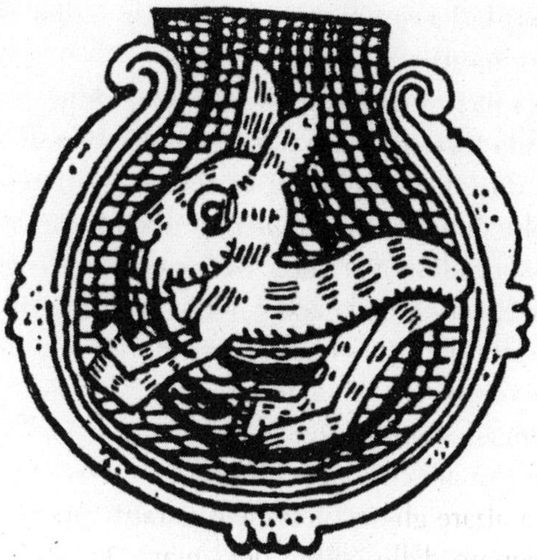

Figura 52. Immagine azteca della Luna sotto forma di vaso contenente un coniglio. Un mito racconta che l'animale fu lanciato contro un secondo Sole trasformandolo in Luna.

disegnare la sua immagine sulla Luna affinché gli uomini non dimenticassero mai quel gesto tanto generoso.

In effetti il coniglio della Luna è estremamente popolare in Cina, e le tradizioni collegate a questa figura fiabesca svolsero un ruolo fondamentale in un momento cruciale della storia cinese. Nel XIV secolo, mentre il Paese era sotto il dominio del khan mongolo, sempre più in difficoltà a controllare le popolazioni assoggettate, una gravissima carestia e una disastrosa inondazione provocata dal Fiume Giallo aggravarono la situazione sociale, innescando una rivolta generale.

Secondo la tradizione popolare, il controllo dei Mongoli era totale e ai Cinesi, ai quali era vietato persino possedere coltelli da cucina, era impedito di riunirsi tra loro. Il desiderio di ribellione animava larghi strati della popolazione, ma non riusciva a trasformarsi in azioni concrete per l'impossibilità di coordinare le forze e organizzare la sollevazione. Le spie mongole tenevano d'occhio tutto e tutti. Ma avevano sottovalutato la vecchia tradizione cinese di festeggiare il coniglio della Luna scambiandosi, il giorno del plenilunio, piccoli dolci a forma di Luna piena decorati con l'immagine del coniglio e contenenti bigliettini con frasi augurali. Furono proprio questi fogli nascosti nei dolci che i rivoltosi utilizzarono per pianificare l'insurrezione e farla scoppiare all'apparire della Luna piena, nell'agosto del 1368, quando tutto il Paese si sollevò e scacciò gli invasori mongoli. Grazie anche al coniglio della Luna.

Curiosamente, ma forse neppure troppo, considerato che in effetti è abbastanza facile vedere la figura di un coniglio disegnata sulla Luna, anche Aztechi e Maya avevano un mito per spiegare la presenza dell'animale sull'astro della notte.

Uno dei più noti miti aztechi è quello che narra della nascita del Sole nel momento della creazione della quinta Era cosmica, quella dominata dal Quinto Sole, il cui nome è «4 Movimento»; lo stesso mito racconta anche della nascita della Luna, dando conto di alcune delle sue principali caratteristiche simboliche.

Dopo aver creato la Terra, gli uomini e tutte le cose da mangiare e da bere, gli dèi si riunirono nella sacra città di Teotihuacan per creare il Sole, mediante il sacrificio di alcuni di loro. Si fece subito avanti Tecuciztecatl, un dio presuntuoso che disse d'essere pronto a gettarsi nel fuoco pur di diventare lui stesso il Sole che avrebbe illuminato il mondo e, pronunciato il suo discorso, fece ricche offerte e compì sacrifici che durarono giorni e giorni. Gli altri dèi, però, proposero l'umile Nanahuatzin, il «Bubboso», il quale accettò l'invito dei suoi pari e fece anche lui offerte e sacrifici, ma molto più poveri.

A quel punto il consiglio degli dèi mise alla prova i due contendenti creando due colline dove Tecuciztecatl e Nanahuatzin si ritirarono per quattro giorni di penitenza e digiuno mentre veniva preparata la grande pira sacrificale che avrebbe deciso la sfida. Allo scadere della mezzanotte del quarto giorno i due indossarono gli abiti rituali ma, mentre Tecuciztecatl aveva vesti sfarzose, Nanahuatzin si coprì con un misero abito di carta. Tutto era pronto per dare inizio al sacrificio e gli dèi del consiglio invitarono Tecuciztecatl a lanciarsi sulla pira ardente; il dio prese la rincorsa ma all'ultimo istante ebbe paura e si fermò. Tornò indietro e riprovò, ma ancora una volta non trovò la forza di compiere l'ultimo balzo. Così per quattro volte, finché gli dèi decisero di far provare Nanahuatzin il quale raccolse tutto il proprio coraggio, chiuse gli occhi e si gettò nel fuoco che bruciò il suo corpo come fosse paglia. Tecuciztecatl, stimolato dal coraggio del suo rivale trovò finalmente la determinazione che gli serviva e saltò anche lui tra le fiamme.

Gli dèi, impressionati dal sacrificio dei due contendenti, si misero in attesa del nuovo giorno per vedere da quale parte della volta celeste sarebbero ricomparsi e, quando all'alba videro Nanahuatzin apparire a oriente sotto forma di disco solare, esultarono; ma subito apparve anche Tecuciztecatl, in egual forma e nella medesima zona di cielo. Tutti si resero conto che i due astri irradiavano troppa luce e troppo calore, così uno degli dèi afferrò un coniglio e lo lanciò sul secondo Sole che all'istante perse di luminosità trasformandosi in Luna. Chiunque la guardi, dice il mito, può ancora vedere il coniglio sulla faccia di Tecuciztecatl.

Nella cosmologia azteca la Luna era intesa come un'entità notturna, femminile, fertile, fredda, appartenente cioè all'ambito cosmico opposto a quello celeste, diurno, caldo e solare; per questo la Luna era ritenuta condividere lo stesso livello cosmico delle divinità acquatiche, anch'esse fertili, fredde e oscure. Nonostante il fatto che, nel mito azteco, il protagonista della sua creazione abbia un nome maschile, la Luna era generalmente nota come Meztli, divinità femminile costantemente accompagnata dal coniglio.

Il nesso tra la Luna e questo animale alludeva sia alla sua proverbiale fertilità, sia all'associazione dell'astro con l'octli, il fermentato di succo di agave di grande importanza rituale che, a causa del suo aspetto bianco e lattiginoso, era associato all'ambito notturno e lunare del cosmo. L'associazione tra la Luna e questa bevanda era talmente stretta che l'astro è spesso rappresentato con al suo interno la sagoma di un vaso destinato a contenere l'octli.

Anche per i Maya la dea della Luna era sempre correlata al coniglio. Solitamente è rappresentata seduta su una falce di Luna con le sembianze di una dea giovane o vecchia, alludendo così alle diverse fasi dell'astro. La dea giovane è spesso identificata con la sposa del sommo dio celeste Itzamna, mentre la dea anziana, detta Ix Chel, era ritenuta la patrona delle partorienti e delle ostetriche, oltre che della tessitura, attività creativa simbolicamente connessa con la nascita. A Ix Chel erano dedicati diversi santuari lungo le coste della penisola dello Yucatán, tra i quali spiccava per importanza quello dell'Isola di Cozumel, sede di un oracolo e meta di pellegrinaggi, descritto dai primi Spagnoli che vi sbarcarono.

Data l'importanza della Luna, non stupisce che le sue fasi fossero attentamente osservate dagli astronomi mesoamericani: nelle date che precedono ogni iscrizione maya del periodo Classico (292-910 d.C.), compare spesso anche la notazione della cosiddetta «Serie Lunare», cioè l'indicazione di quanti giorni erano trascorsi dall'ultima Luna nuova, accompagnata da una serie di note accessorie, come quella relativa alla durata del corrente mese lunare (di 29 o 30 giorni) oppure quella che indicava la sua posizione nell'ambito di un ciclo di sei lunazioni, fondamentale per la predizione delle eclissi.

Ercole

Le stelle di neutroni o pulsar

Ercole è una costellazione a sud del Dragone, situata fra la Corona e i Bovari a est e il Cigno a ovest.

Culmina a mezzanotte, verso la metà di giugno e non è particolarmente appariscente. Gli oggetti più interessanti che si vedono proiettati in questa costellazione sono due begli ammassi globulari, M13 (*vedi* inserto, foto 15) e M92, e una sorgente di raggi X, Hercules X-1, una pulsar scoperta nel 1971 da Uhuru, il primo satellite per raggi X.

Gli ammassi globulari, che abbiamo già incontrato nella costellazione del Centauro, sono famiglie di stelle molto popolose, infatti contengono alcune centinaia di migliaia di stelle, fino a qualche milione, fittamente raggruppate, e hanno una forma sferica. Un'immagine botanica di un ammasso globulare potrebbe essere un frutto di bosco, come le more di rovo, quei cespugli pieni di spine che costeggiano le strade di campagna. Noi vediamo le singole stelle appiccicate le une alle altre a formare un'unica macchia, come le minuscole sfere che costituiscono il frutto. Solo le stelle più periferiche sono ancora visibili, separate le une dalle altre. Come abbiamo già ricordato, gli ammassi globulari si trovano nell'alone galattico, un volume sferico in cui è immerso il disco galattico. La nostra galassia ne contiene circa 150. La popolazione stellare degli ammassi è composta da stelle vecchie, che si sono andate formando quando la Galassia era ancora un gigantesco agglomerato di gas di forma grossolanamente sferica (e la distribuzione spaziale degli ammassi ne mantiene la forma), mentre il gas diffuso, a causa del moto di rotazione della nube, è andato via via appiattendosi a formare il disco.

Che la popolazione degli ammassi globulari sia vecchia lo prova il fatto che si tratta di stelle simili al Sole o più deboli, mentre mancano completamente stelle più splendenti del Sole, la cui vita è molto più breve di 10 miliardi di anni, e vi abbondano invece le giganti rosse, stelle cioè che rappresentano quello che diventerà il nostro Sole fra circa 5 miliardi di anni. Inoltre, la composizione chimica degli ammassi globulari è diversa da quella delle stelle del disco, per quanto riguarda la percentuale di elementi pesanti, più pesanti di idrogeno ed elio, accomunati dagli astronomi nel termine «metalli», sebbene vi siano inclusi anche molti elementi come carbonio, azoto e ossigeno che non sono metalli. Tutte le stelle sono composte di idrogeno ed elio e da una minima percentuale di tutti gli altri elementi. Le differenze riguardano le percentuali di questi cosiddetti «metalli». Nelle stelle come il Sole o più giovani, il 70 per cento della massa è idrogeno, il 28 per cento elio e gli altri elementi ammontano al 2 per cento; nelle stelle vecchie, invece, le percentuali di elementi pesanti possono essere da 100 a 100.000 volte più basse che nel Sole. Questi risultati dimostrano che le galassie evolvono chimicamente, perché il mezzo interstellare da cui si formano le nuove stelle è progressivamente arricchito da elementi pesanti che vengono sintetizzati nell'interno delle stelle di grande massa che alla fine della loro «breve» vita (milioni e non miliardi di anni) esplodono come supernovae.

Una popolazione caratteristica degli ammassi globulari è costituita da una famiglia di stelle variabili chiamate RR Lyrae dal nome della prima variabile scoperta nella costellazione della Lira. Esse sono variabili molto regolari, che passano dal massimo al minimo di splendore con periodi inferiori a un giorno. La caratteristica più interessante è che hanno tutte circa lo stesso splendore intrinseco, pari a 100 volte lo splendore del Sole. Perciò sono utilissime per determinare la distanza da noi dell'ammasso in cui si trovano. Ricordo, infatti, che si definisce splendore assoluto (o intrinseco) quello che avrebbero le stelle portate tutte alla stessa distanza da noi, distanza che per convenzione si assume pari a 32,6 anniluce. Poiché lo splendore apparente, quello cioè che noi possiamo misurare, diminuisce con l'inverso del quadrato della distanza, dalla sua misura si può risalire alla distanza espressa in anniluce cioè il rapporto fra lo splendore assoluto e lo splendore apparente è pari al quadrato del valore della distanza diviso per 32,6.

È stato grazie alle RR Lyrae degli ammassi globulari che l'astronomo americano Harlow Shapley riuscì a determinare la posizione del Sole nella Via Lattea (lo vedremo più avanti, parlando della costellazione del Sagittario).

M13 e M92 fanno parte del catalogo compilato dall'astronomo francese Charles Messier che abbiamo già menzionato.

L'altro oggetto caratteristico osservabile nella costellazione di Ercole, Hercules X-1, è una sorgente X scoperta dal satellite Uhuru, il primo satellite per l'osservazione dei raggi X emessi dai corpi celesti, inosservabili dalla Terra perché vengono completamente assorbiti dalla nostra atmosfera. Uhuru fu lanciato dalla NASA il 12 dicembre 1970 dalla base italiana San Marco vicino a Malindi, sulle coste del Kenya, e fu chiamato Uhuru, che in swahili significa «libertà», proprio perché quel giorno di 7 anni prima il Kenya era divenuto indipendente dalla Gran Bretagna. Responsabile delle osservazioni con Uhuru, e pioniere dell'astronomia a raggi X, è stato Riccardo Giacconi, un allievo di Giuseppe Occhialini, trasferitosi negli Stati Uniti. Nel 2002 Giacconi ha vinto il premio Nobel per la Fisica per le sue ricerche che hanno condotto alla scoperta di sorgenti cosmiche di raggi X.

La Via Lattea e gli ammassi di galassie sono sorgenti estese di raggi X, che indicano la presenza di rarefatto gas diffuso a temperature di milioni di gradi. Va chiarito qui che la temperatura capace di produrre emissioni X è data dalla velocità di agitazione termica delle particelle di gas in caotico moto frenetico. Se potessi mettere un termometro in queste rarefatte regioni, dove la densità è di miliardi di miliardi di miliardi di volte inferiore alla densità dell'acqua, troverei dei valori prossimi allo zero assoluto (-273 gradi centigradi).

La maggior parte delle sorgenti di raggi X scoperte da Uhuru erano binarie della stessa natura di Hercules X-1, una stella binaria composta da una stella visibile, HZ Herculis, e da una piccola debole stella di neutroni che orbita attorno all'altra in 1,7 giorni e ruota attorno a se stessa in 1,24 secondi. La gran parte delle stelle di neutroni si manifestano a noi come «pulsar».

Le stelle di neutroni si chiamano così perché sono formate di materia talmente densa – circa 1 milione di miliardi di volte la densità dell'acqua – che quel po' della loro materia che potrebbe essere contenuta in un cucchiaino da caffè peserebbe un centinaio di milioni di tonnellate; a queste enormi densità protoni ed elettroni sono, per così dire, come fusi insieme, a formare neutroni stabili, mentre in condizioni normali i neutroni liberi (cioè non contenuti in un nucleo atomico) sono particelle instabili la cui vita media è dell'ordine di una quindicina di minuti.

Le stelle di neutroni sono in molti casi il risultato dell'esplosione di una supernova. Come abbiamo già detto, se si tratta di una stella di massa molto maggiore di quella del Sole, la stella collassa sotto il proprio peso quando alla fine della sua vita, nel centro, ha luogo la reazione endotermica (descritta nel paragrafo «Appare una supernova») che trasforma un nucleo di ferro in 13 nuclei di elio e 4 protoni. In altri casi la stella di neutroni può derivare da una nana bianca. Questo avviene quando si ha a che fare con una stella binaria, formata da una stella normale e una nana bianca la cui massa è prossima al limite di Chandrasekhar; la materia della stella normale attratta gravitazionalmente dalla nana bianca le spirala attorno formando «un disco di accrescimento» prima di caderci sopra, e al superamento del limite di Chandrasekhar la nana bianca collassa formando la stella di neutroni.

La materia accumulata sul disco di accrescimento orbita attorno alla stella di neutroni a velocità tanto maggiore quanto più le è vicina, seguendo le stesse leggi kepleriane del moto dei pianeti attorno al Sole, e per attrito si riscalda tanto da superare il milione di gradi e diventa così una sorgente di raggi X. Anche la stella di neutroni emette raggi X – con una periodicità che nel caso di Hercules X-1 è di 1,24 secondi –, comportandosi come un faro. Infatti se l'asse di rotazione è inclinato rispetto all'asse del campo magnetico (come avviene nel caso della Terra e anche del Sole), tutte le volte che nel corso di una rotazione l'asse magnetico è rivolto verso l'osservatore esso riceve un flusso di radiazione prodotto da uno sciame di elettroni liberi, presenti negli strati più superficiali, in moto nel campo magnetico.

Gli impulsi di radiazione sono soggetti all'effetto Doppler: quando la stella di neutroni, nel suo moto orbitale intorno alla compagna, si muove verso di noi gli impulsi sono più frequenti, mentre quando si muove lontano da noi gli impulsi arrivano con una frequenza minore, e ciò ci consente di stabilire che la sorgente di raggi X fa parte di un sistema binario.

Il breve periodo di rotazione di soli 1,24 secondi denuncia la natura di stella supercompatta della Pulsar, la cui forza di gravitazione è in grado di resistere alla forza centrifuga che la distruggerebbe. La forza centrifuga è tanto maggiore quanto maggiore è la velocità di rotazione e più piccolo il raggio. La stella è stabile se la forza di gravitazione supera la forza centrifuga, altrimenti la stella si rompe. Segue di qui che stelle che hanno periodi di rotazione molto brevi e che quindi ruotano molto rapidamente devono essere straordinariamente dense per non rompersi.

Le pulsar furono scoperte per caso dall'astrofisica britannica Jocelyn Bell Burnell nel 1967, quando faceva osservazioni di quasar per la sua tesi di dottorato, avente per oggetto lo studio degli effetti che hanno le perturbazioni ionosferiche sulle radioonde. È un effetto in tutto simile a quello della scintillazione che la turbolenza atmosferica provoca su sorgenti ottiche puntiformi come le stelle. Le quasar, scoperte solo nel 1963, sono i nuclei di lontane galassie, intense emittenti di radioonde, luce e raggi X. Per le loro piccole dimensioni, inferiori all'anno luce, e la notevole distanza, appaiono come sorgenti puntiformi, e perciò, come le stelle, sono soggette alla scintillazione dovuta alle irregolarità e turbolenze atmosferiche nel dominio ottico e ionosferiche nel radio. Lo scopo della tesi della dottoranda Jocelyn era proprio quello di studiare le irregolari, rapide variazioni delle radioemissioni provenienti dalle quasar utilizzando un radiotelescopio di cui aveva curato la costruzione assieme al suo relatore, l'astronomo britannico Antony Hewish, e che era in grado di misurare radioemissioni rapidamente variabili, e quindi anche permettere di scoprire nuove quasar.

Esaminando le molte centinaia di metri di carta su cui erano registrati i rumori radio provenienti dai ricevitori, Jocelyn notò dei segnali indicanti una serie di brevi impulsi radio che si ripetevano ogni 1,337 secondi. L'estrema regolarità era straordinaria, e dopo avere escluso l'interferenza con eventuali altre sorgenti terrestri, si dovette concludere che doveva trattarsi di sorgenti celesti. Jocelyn scherzando parlò di segnali da parte di «omini verdi» e i giornali cominciarono a parlare di segnali da parte di esseri alieni. Misurando la dispersione del segnale alle varie lunghezze d'onda* fu stimata una distanza di circa 200 anniluce, quindi si trattava certamente di un oggetto ben al di là del sistema solare.

Dopo la prima, Jocelyn ne scoprì altre tre. I periodi, tutti dell'ordine del secondo, o anche meno, facevano capire che doveva trattarsi di oggetti molto più piccoli di una normale stella.

Hewish e collaboratori avevano suggerito trattarsi di nane bianche, ma la scoperta di una pulsar, sia nel resto di supernova noto come nebulosa del Granchio sia nel resto di supernova nella costellazione della Vela, indicarono che doveva trattarsi di stelle di neutroni. Da considerare che pochi mesi prima della scoperta delle pulsar, l'astrofisico Franco Pacini, che è stato a lungo direttore dell'Osservatorio fiorentino di Arcetri, aveva ipotizzato che una stella di neutroni rotante e avente un intenso campo magnetico sarebbe stata una forte sorgente di onde elettromagnetiche.

Fino alla scoperta delle pulsar, le stelle di neutroni erano sol-

* Come un raggio di luce bianca che attraversa un blocco di vetro viene disperso nei colori dal rosso al violetto, a causa della differente velocità di propagazione delle radiazioni di diversa lunghezza d'onda, così segnali radio di varie lunghezze d'onda si propagano con velocità leggermente diverse nel mezzo interstellare ionizzato.

tanto delle ipotesi. L'esplosione della supernova, e il conseguente collasso verso il centro non solo avrebbe prodotto un nocciolo di altissima densità ma, per la conservazione del momento angolare, la riduzione del raggio da valori di molte migliaia a pochi chilometri avrebbe anche fortemente aumentato la velocità di rotazione della stella, e così pure l'intensità del campo magnetico, che è misurata dal numero di linee di forza per centimetro quadro. Quindi la scoperta delle pulsar dimostrò che le stelle di neutroni esistevano realmente.

Per la scoperta delle pulsar Antony Hewish ottenne il premio

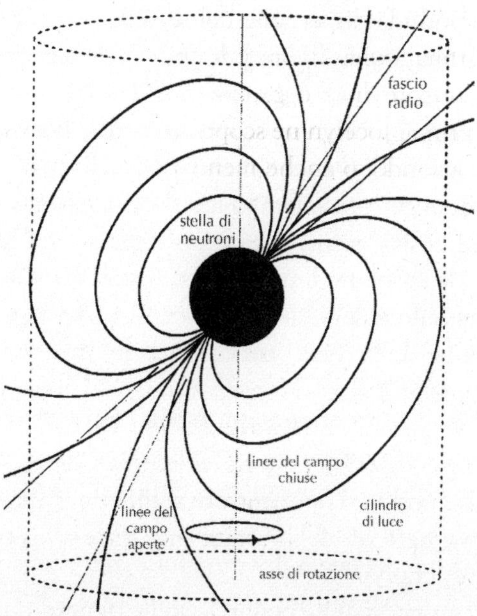

Figura 53. Schema di una pulsar. L'asse magnetico è inclinato rispetto all'asse di rotazione. Le linee di forza del campo magnetico dipolare si richiudono su se stesse, tranne che in vicinanza dell'asse magnetico, dove sono aperte; lungo l'asse sfuggono gli elettroni che danno luogo alle emissioni radio osservabili ogni volta che uno dei due poli magnetici è diretto verso l'osservatore.

Nobel per la Fisica nel 1974, mentre Jocelyn Bell, che pure aveva avuto un ruolo determinante nella scoperta, non fu nemmeno nominata e solo in seguito ricevette la Michelson Medal assieme a Hewish e la Herschel Medal dalla Royal Astronomical Society. La decisione dell'Accademia svedese di non associare il nome di Jocelyn Bell a quello di Hewish fu ampiamente criticata in molti ambienti scientifici.

Un caso analogo a quello di Hewish e Bell si è verificato con un'altra coppia di ricercatori: un dottorando e il suo relatore, e riguarda ancora una scoperta avvenuta grazie alle pulsar. Nel 1974 Joseph Taylor, assieme al suo allievo Russell Hulse, scoprì una binaria formata da due pulsar.

In realtà la scoperta la fece Hulse, incaricato di osservare ogni giorno, col grande radiotelescopio di Arecibo – ben 300 metri di diametro, ricavato da una cavità naturale del suolo –, una striscia di cielo, che la rotazione terrestre faceva sfilare nel campo del ricevitore, alla ricerca di pulsar. Il 2 luglio 1974 Hulse registrò una serie di impulsi molto deboli, appena al di sopra della soglia di rumore dello strumento. Però il segnale era molto interessante perché il periodo era di soli 0,059 secondi, appena un po' più lungo del più breve conosciuto, quello della pulsar nella nebulosa del Granchio (di cui parleremo nella costellazione del Toro), che è di 0,033 secondi. In base alle osservazioni delle altre pulsar si era notato che il periodo resta rigorosamente costante per parecchi giorni, e anche quando si osserva un rallentamento sensibile, come nel caso della pulsar nella nebulosa del Granchio, la variazione era inferiore al microsecondo, cioè nella settima cifra decimale. Invece Hulse, nel corso di molte altre osservazioni, dovette constatare non solo una variazione della periodicità degli impulsi di 5 microsecondi in 2 ore, ma nel senso opposto a quanto osservato negli altri casi, ovvero non un aumento ma una diminuzione del periodo. Col ripetersi delle osservazioni apparve finalmente chiaro che il fenomeno era dovuto al fatto che la pulsar faceva parte di un sistema binario, e quando nel suo moto orbitale si avvicinava all'osservatore gli impulsi avevano una frequenza maggiore di quando si allontanava, conseguenza dell'effetto Doppler. Il periodo orbitale risultò di 7,75 ore e la velocità orbitale media di 200 km/sec, da cui segue che l'orbita ha una dimensione di circa 6 milioni di chilometri e quindi la distanza media delle due stelle è paragonabile al raggio del Sole. Ciò significa che la compagna della pulsar deve essere anch'essa una stella di neutroni.

L'importanza della scoperta di una coppia di stelle di neutroni è stata grande perché ha offerto per la prima volta il modo di verificare la realtà dell'esistenza delle onde gravitazionali predette da Einstein, come vedremo meglio nel capitolo sulla costellazione della Vergine. Come una carica elettrica in moto dà luogo a emissione di onde elettromagnetiche, così, argomentava Einstein, masse in moto, o subitanee variazioni di massa, come quelle dovute all'esplosione di una supernova o allo scontro di due galassie, dovrebbero dare origine a onde gravitazionali, visualizzabili come increspature dello spazio tempo propagantesi alla velocità della luce. Quindi la pulsar doppia doveva essere un'eccellente sorgente di onde gravitazionali. Ma l'emissione di onde gravitazionali sottrae energia al sistema binario e tale perdita si manifesta in una diminuzione del periodo orbitale, che la teoria prevedeva di 75 milionesimi di secondo all'anno.

Le osservazioni prolungate fino all'agosto 1983, cioè per più di nove anni, hanno effettivamente riscontrato una diminuzione del periodo orbitale di 76 milionesimi di secondo all'anno con un errore in più o in meno di 2 milionesimi di secondo.

Per questa scoperta Taylor e Hulse nel 1993 ottennero il premio Nobel per la Fisica, che questa volta fu attribuito sia al maestro sia all'allievo.

Dodici super-fatiche e una morte atroce

Negli atlanti stellari e nelle descrizioni che fecero i mitografi antichi, la costellazione di Ercole è rappresentata dalla figura dell'eroe con un ginocchio appoggiato a terra e le braccia sollevate: in una mano stringe la clava, sua arma tradizionale, e nell'altra tiene la pelle del leone di Nemea. Ma non sempre è così, in alcuni casi non ha proprio nulla nelle mani mentre in altri, anziché la pelle della fiera, impugna un ramo del melo del giardino delle Esperidi o le teste serpentiformi di Cerbero. In sostanza, comunque, Ercole è sempre rappresentato in ginocchio con le braccia rivolte verso l'alto. Una posizione inusuale per un eroe che passò la vita a menar le mani per superare fatiche inimmaginabili e sterminare spaventosi mostri; eppure, lassù in cielo sembra implorare chissà chi.

La spiegazione è che gli stessi mitografi greci e romani erano molto perplessi su tutto, persino che si trattasse davvero di Ercole e, non sapendo chi fosse davvero, lo chiamarono semplicemente l'Inginocchiato; nome generico che gli rimase per parecchio tempo.

Come abbiamo già detto, l'incertezza dei Greci davanti a diverse figure di costellazioni dipendeva dal fatto che molte erano state inventate dai popoli mesopotamici ed erano poi migrate in Grecia, dove erano arrivate col loro carico di immagini già confezionate e facilmente assimilabili. I relativi miti, invece, si persero per strada e Greci e Romani dovettero adattare qualche loro personaggio mitico a quelle immagini già disegnate in cielo da altre genti e delle quali sapevano poco o nulla.

I dubbi sull'interpretazione da dare alla figura dell'Inginocchiato suscitarono un gran dibattito tra astronomi e intellettuali di epoca classica. Eschilo lo identificò con Ercole già nel V secolo a.C., ma tre secoli dopo c'era ancora chi, come il poeta e astronomo Arato, dichiarava senza mezzi termini: «Di lui nessuno sa dire nulla, né per cosa si stia affaticando; lo chiamano Engonasi (colui che è inginocchiato). In ginocchio, spossato, assomiglia a un uomo genuflesso. Da entrambe le spalle gli si levano alte le mani... e il piede destro poggia sulla testa del Drago che si svolge in cielo in spirali».

Non molto tempo dopo, fu Eratostene a sostenere che si trattava della figura di Ercole, ma il poeta romano Marco Manilio, più o meno all'epoca della nascita di Cristo, manifestò tutto il suo scetticismo scrivendo:

Figura 54. Prima di essere identificata con Ercole, la figura dell'uomo con un ginocchio a terra provocò un lungo dibattito tra i mitografi greci.

Presso le freddolose Orse e Borea agghiacciato
s'incontra, flessa sulle ginocchia, una figura
per un motivo solo da lei soltanto conosciuto.

Altri mitografi, invece, continuarono a vedere nell'Inginocchiato personaggi diversi come Teseo, Orfeo, Prometeo o protagonisti minori della mitologia greca. Comunque, col tempo Ercole si impose su tutti, anche se molti seguitarono a discutere a quale impresa alludesse la figura di Ercole inginocchiato.

Le dodici celebri fatiche furono imposte a Ercole dal re Euristeo di Tirinto, affinché espiasse la tragica colpa d'aver ucciso moglie e figli in un eccesso di follia provocatogli da Giunone. Eccole in sintesi:

1. Strangolamento dell'invulnerabile leone che faceva stragi nelle campagne attorno alla città di Nemea.
2. Uccisione della terribile Idra di Lerna alla quale ricrescevano le teste via via che l'eroe gliele staccava dal collo.
3. Cattura della cerva dalle corna d'oro che si fece inseguire per un anno intero prima d'essere acchiappata.
4. Cattura del feroce cinghiale di Erimanto.
5. Pulizia delle immonde stalle del re Nemeo.
6. Vittoria sugli uccelli del lago Stinfalo, che avevano penne di bronzo che potevano essere scagliate come frecce.
7. Cattura del toro di Creta che lanciava fiamme dal naso.
8. Cattura dei demoniaci cavalli di Tracia che si cibavano di carne umana.
9. Furto della cintura (nel senso del perizoma) della vergine Ippolita, regina delle Amazzoni.
10. Cattura del bestiame di Gerione, un mostro con tre corpi che regnava sul lontano Occidente.
11. Furto delle mele d'oro nel giardino delle Esperidi, con relativa uccisione del serpentone che le sorvegliava.
12. Cattura di Cerbero, il mostruoso guardiano degli Inferi, con tre teste e il dorso coperto di serpenti.

Un ciclo epico che affascinò intere generazioni di grandi e piccini, sia in Grecia sia a Roma, e che oggi viene interpretato come la metafora di un tormentato cammino spirituale le cui ultime tre tappe sono lette come un'allegoria della morte: con la cattura di Cerbero, Ercole finì di pagare il suo debito per lo sterminio della propria famiglia e, nello stesso tempo, si guadagnò l'immortalità.

Ma un'altra versione del mito narra invece della sua morte, drammatica come deve essere una tragedia greca. Ecco cosa racconta. Compiute le dodici fatiche, Ercole si sposò con Deianira, la bella figlia del re Eneo e, mentre i due sposi erano in viaggio di nozze, si trovarono a dover attraversare un fiume in piena. Ercole affidò la giovane moglie al centauro traghettatore Nesso perché la portasse sull'altra riva, mentre lui superava il fiume a nuoto. Nesso, brutale come quasi tutti quelli della sua specie, cercò di violentare la ragazza ma, prima che ci riuscisse, Ercole lo trafisse con una delle sue frecce avvelenate.

Il centauro, in fin di vita ma ancora perfido, regalò a Deianira qualche goccia del suo sangue infetto dicendole che si trattava di una magica pozione con la quale si sarebbe assicurata l'amore del marito.

La ragazza accettò il dono e quando ebbe il sospetto che Ercole si fosse invaghito di un'altra, gli preparò una veste contaminata con il veleno che, a contatto del corpo, cominciò a corrodere la carne. Impazzito dal dolore, l'eroe corse per i boschi devastando tutto quello che incontrava e quando capì che niente avrebbe potuto guarirlo preparò una catasta di legna, ci si stese sopra e la incendiò. Così morì l'invincibile Ercole, e Giove lo trasformò in costellazione.

L'eclisse fa uccidere il (falso) re assiro

Presso quasi tutti i popoli antichi le eclissi di Sole o di Luna erano considerate un evento nefasto perché si riteneva che potessero provocare pestilenze, terremoti, carestie, morte dei sovrani, nascite mostruose o anche la fine del mondo, dato che il mostro celeste che tentava di ingoiare gli astri poteva riuscire nel suo intento.

Questo raccontavano astrologi e sacerdoti che, a eclisse conclusa senza i previsti disastri, si attribuivano il merito di avere scongiurato il pericolo con i loro segreti poteri. Il popolo, impaurito, partecipava come poteva al tentativo di evitare la catastrofe e appena l'eclisse aveva inizio si impegnava a fare più rumore possibile, gridando, suonando tamburi, battendo pietre l'una contro l'altra, per distrarre il famelico mostro o per rendere incomprensibili le parole del maleficio che qualcuno aveva lanciato nel cielo allo scopo di provocare la scomparsa dell'astro. Reazioni, quest'ultime, che lette in chiave moderna potrebbero essere interpretate come modi per dare sfogo allo stato di tensione provocato da un fenomeno considerato rischioso.

In occasione dell'eclisse di Sole, durata oltre sei minuti, che ha interessato l'Asia il 22 luglio 2009, le autorità cinesi hanno provveduto ad allertare le forze di polizia, lungo tutto il corso dello Yangze, per scongiurare eventuali scene di panico e disordini; nelle stesse ore il sindaco di Chongqing, una città con 30 milioni di abitanti, ha vietato l'uso dei cellulari nella fase di oscurità, come se questi avessero potuto interferire negativamente sull'andamento del fenomeno. Comportamenti che non stupiscono troppo se si considera che fino al secolo

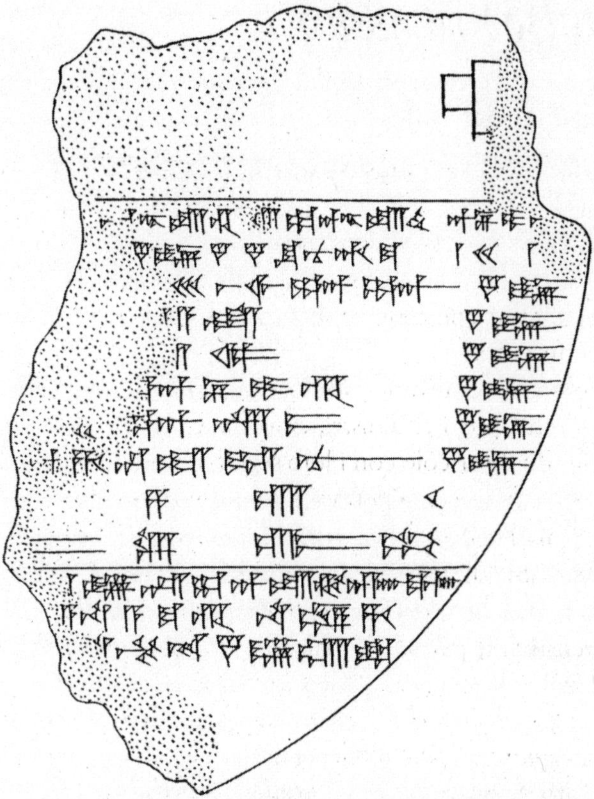

Figura 55. Frammento di tavoletta d'argilla del periodo Neo-Assiro, proveniente dagli archivi reali di Ninive (Iraq), con iscrizione relativa a osservazioni astronomiche effettuate nel corso di un certo intervallo di tempo.

scorso, durante le eclissi, la Marina imperiale cinese sparava cannonate a salve per dissuadere il malefico drago dall'ingoiare il Sole.

Reazioni a superstizioni che sono sopravvissute fino ai giorni nostri in gran parte del pianeta e non sono scomparse del tutto nemmeno nell'Occidente industrializzato dove, allo scadere della mezzanotte del 31 dicembre, quando pare che il tempo debba attraversare una pericolosa porta a scatto, che si chiude e si apre nello stesso istante, reagiamo con i famigerati botti o stappando rumorosamente bottiglie di spumante; per poi dare il via a festeggiamenti più assordanti, quasi volessimo celebrare lo scampato pericolo e la continuità del tempo. In realtà con questi comportamenti dimostriamo soltanto che non siamo poi troppo diversi da chi ci ha preceduto di secoli o da chi vive tutt'oggi immerso nella superstizione.

Anche tra le popolazioni della Mesoamerica le eclissi erano interpretate come eventi rischiosi e il profondo interesse astrologico di questi popoli fece sì che i loro sacerdoti si dedicassero a osservare e registrare con grande cura le posizioni degli astri più significativi al fine di poterne prevedere i comportamenti e affrontarli con rituali appropriati. I corpi celesti studiati con più

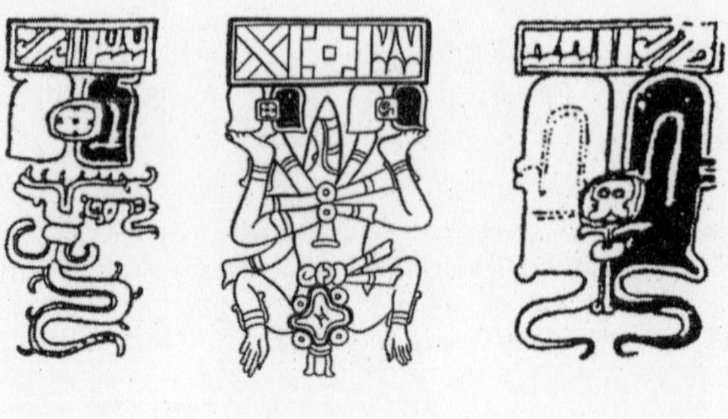

Figura 56. Glifi maya raffiguranti le eclissi tratti dal *Codice di Dresda,* uno dei quattro libri maya sopravvissuti alla distruzione operata dai Conquistadores.

attenzione erano il Sole, la Luna, Venere, Marte, Mercurio e Giove, nonché una serie di stelle raggruppate in 13 costellazioni; le effemeridi dei principali pianeti venivano tramandate al fine di poter mettere in relazione tra loro i diversi cicli astronomici e calendariali; correlazione a cui veniva attribuita una particolare importanza.

Sappiamo che gli astronomi maya, detti *aj k'inob*, «signori del giorno», erano capaci di prevedere il verificarsi delle eclissi solari e lunari, come testimoniano le apposite tavole contenute nel *Codice di Dresda*, uno dei quattro libri maya sopravvissuti alla distruzione della Conquista. Le Tavole delle Eclissi indicano i periodi di tempo di 177 o 148 giorni che trascorrono tra i momenti in cui le eclissi potevano verificarsi, le relative date del calendario divinatorio, gli auspici a esse legati, nonché immagini di eclissi poste in relazione a eventi realmente osservabili dall'area maya. Sebbene le Tavole delle Eclissi si estendano su un arco di tempo di 405 lunazioni, pari a 46 anni divinatori di 260 giorni, tre date poste all'inizio delle tavole, due delle quali dedicate alle eclissi solari e una a quelle lunari, permettevano una correlazione finalizzata a estendere l'uso delle tavole su un arco di oltre cinque secoli con errori di previsione inferiori a un giorno.

Le eclissi sono generalmente rappresentate sovrapponendo il simbolo del Sole e della Luna a uno sfondo mezzo bianco e mezzo nero; in altri casi si vedono dragoni celesti che inghiottono gli astri o una dea della Luna che pende dalla fascia celeste con gli occhi chiusi, a indicare che l'eclisse era concepita come una diminuzione della luminosità, o della «vista», degli astri.

Alle eclissi erano anche associate le diverse costellazioni nelle quali il fenomeno poteva verificarsi. I Maya immaginavano le costellazioni sotto forma di 13 animali, così come sono rappresentate nel *Codice di Parigi* proprio mentre divorano dischi solari, secondo una concezione che è riflessa nel testo maya coloniale del *Chilam Balam de Chumayel*, nel quale un'eclissi solare è descritta con la formula: «La faccia del Sole fu mangiata, la faccia del Sole fu oscurata, la sua faccia fu spenta».

Questi fenomeni erano considerati presagi funesti ed erano interpretati sulla base delle caratteristiche astrologiche dell'astro che veniva oscurato: un'eclisse di Luna, dea femminile legata alla tessitura e al parto, era ritenuta infausta per le donne incinte, mentre un'eclissi solare, causata da esseri sovrannaturali che «divoravano» il Sole, avrebbe potuto presagire che l'umanità intera sarebbe stata divorata da esseri che, non a caso, erano immaginati come insaziabili entità femminili e notturne, cioè «lunari».

Gli Aztechi, che condividevano concezioni simili a quelle dei

Figura 57. Schema medievale delle eclissi di Luna e di Sole. Molti popoli dell'antichità temevano che l'oscuramento dell'astro annunciasse disgrazie.

Maya, rappresentarono le eclissi solari con l'immagine di un Sole parzialmente coperto da un fiotto bianco di octli, la bevanda alcolica ottenuta dalla fermentazione dell'agave e associata alla Luna; la stessa metafora era usata per riferirsi alla morte del re, intesa come un'eclissi del sovrano (solare) causata dalle opposte forze lunari.

Nel corso di tutta la storia mesoamericana l'osservazione delle eclissi dovette rivestire una grande importanza non solo astronomica e astrologica, ma anche politica, dato che esistono sin dal I secolo a.C. registrazioni di eclissi associate a eventi bellici in iscrizioni monumentali. Evidentemente i sovrani maya attendevano talvolta il verificarsi di eclissi per scatenare attacchi militari contro le città nemiche, la cui sconfitta – presagita dall'eclisse stessa – era non a caso descritta metaforicamente come «un'eclisse che si abbatte sulla città».

Tra le tante reazioni provocate dalla paura dell'eclisse, la più sconvolgente e drammatica è comunque quella documentata presso gli Assiri durante il VII-VI secolo a.C. Questo popolo mesopotamico riteneva che le eclissi fossero espressione della collera degli dèi e annunciassero la morte di un sovrano. Quando alcuni aspetti del fenomeno, come il settore di cielo interessato all'evento, la durata dell'oscurità o la direzione dell'ombra, facevano prevedere che il re in pericolo potesse essere proprio quello assiro, i sacerdoti-astronomi di corte prendevano le necessarie contromisure rituali e davano inizio al complesso iter dello *sar puhi*, «re sostituto», una crudele procedura che fu messa in atto per ben sei volte durante il regno di Esarhaddon (680-669 a.C.) e almeno un paio durante i primi anni del regno di Assurbanipal (668-631 a.C. circa).

In sostanza si trattava di sostituire il re e la regina con altre due persone scelte appositamente per far «scaricare» la morte su di loro, mentre il vero sovrano e la moglie se ne stavano nascosti in una capanna ai margini della città fingendosi il «fattore» e la sua sposa. Passato il pericolo, i regnanti tornavano sul trono e le due comparse che si erano addossate tutta la negatività del presagio venivano uccise.

Ma ecco le varie fasi organizzative dell'evento descritte dall'assiriologo Frederick Mario Fales sulla base della traduzione di testi cuneiformi rinvenuti negli archivi reali assiri.

> Non appena il gruppo di studiosi, e in specie astrologi ed esorcisti, si accorgeva dell'emergenza, il re veniva avvertito; un assenso formale all'operazione complessiva gli veniva richiesto. A questo punto avveniva la scelta del sostituto: un prigioniero di guerra, un criminale, un nemico politico oppure una persona qualsiasi, in ogni caso qualcuno la cui vita era «spendibile» in cambio di quella del sovrano, per l'appagamento dell'ira divina.
>
> Recato a palazzo, lo *sar puhi* diveniva a tutti gli effetti il re: egli era festeggiato, lavato, unto e vestito, adornato con i gioielli della regalità e posto in trono, accanto a una giovane «prescelta» che lo accompagnava come sua «regina». Una finta «corte» – fino a 300 persone – gli fungeva da contorno; essa comprendeva, come quella vera, un vasto corpo di guardia e una tipologia assai varia di personale civile, in specie musicisti, cuochi e pasticcieri, la cui funzione era quella di intrattenere il fisico e lo spirito del sovrano temporaneo, specie in occasione del sontuoso banchetto quotidiano.
>
> Il vero sovrano intanto si allontanava dal palazzo; il fatto che egli si facesse chiamare «il fattore» potrebbe indicare che risiedesse da qualche parte nei terreni agricoli della capitale. Egli, dunque, aveva cessato di essere il monarca, ma solo a livello simbolico; infatti, pur in questo stato di abdicazione e di esilio temporanei, nulla cambiava nel suo status dal punto di vista della decisionalità. [...]
>
> Lo *sar puhi*, nel frattempo, aveva – con la sua regale sposa – ricevuto la lettura dei presagi negativi e li aveva ripetuti di fronte al dio della giustizia Shamash, alla presenza dell'élite degli studiosi, con accompagnamento di rituali esorcistici va-

ri. Il documento dei presagi era fisicamente appeso alla sua veste, per essere certi che egli avrebbe ricevuto le maledizioni della divinità, come spiega Ishtar-shumu-eresh [un funzionario reale, N.d.A.] al sovrano:

[Riguardo ai] presagi [di cui il mio signore mi ha scritto], dopo che l'abbiamo intronizzato, glieli abbiamo fatti sentire davanti a Shamash. Inoltre, ieri glieli ho fatti sentire di nuovo, e poi mi sono chinato e li ho legati nell'orlo (dell'abito).

La sua funzione e sorte di mero capro espiatorio sarebbe culminata in un momento successivo qualsiasi, fino al termine massimo di 100 giorni in cui si dava tempo ai presagi esiziali di esplicarsi. Il termine poteva venire stabilito dai consiglieri assieme al «fattore» stesso, in relazione alle congiunzioni astrali:

Riguardo al 15° giorno di cui il nostro signore disse: «Che il re sostituto vada al suo destino e che io possa effettuare i rituali il 16° giorno, come in precedenza» – il 16° giorno è (in effetti) una giornata propizia per effettuare il rituale.

Il «re» e la «regina» potevano dunque «andare al loro destino», cioè venire messi a morte, forse con un veleno soporifero, ma forse anche in altri e più sommari modi. Seguiva poi un funerale, in cui la finzione relativa al ruolo regale veniva perpetuata con la pompa cerimoniale, l'imbalsamazione, le lamentazioni e l'esposizione, forse addirittura davanti a un certo pubblico. In parallelo, rituali esorcistici di vario genere [...] erano eseguiti. Una statuetta di tutto quanto è male accompagnava il defunto agli Inferi; altre immagini di tipo magico-sacrale riempivano il palazzo, e il corpo e le vesti del re – rientrato nel frattempo a palazzo – erano purificati, forse anche con un bagno nel Tigri o con rasature. Dopo di che, la vita poteva riprendere come al solito, almeno fino all'eclisse successiva.

Insomma, se gli osservatori del cielo concludevano che l'eclisse indicava che qualche divinità voleva far morire il sovrano assiro occorreva trarre in inganno il dio con una controfigura che doveva fare da parafulmine, fino alla morte. A quel punto il vero re era salvo perché l'ingenua divinità era caduta nella trappola, credendo di aver fatto morire proprio colui che aveva preso di mira; complici, ancora una volta, astronomi e astrologi di corte.

Lira

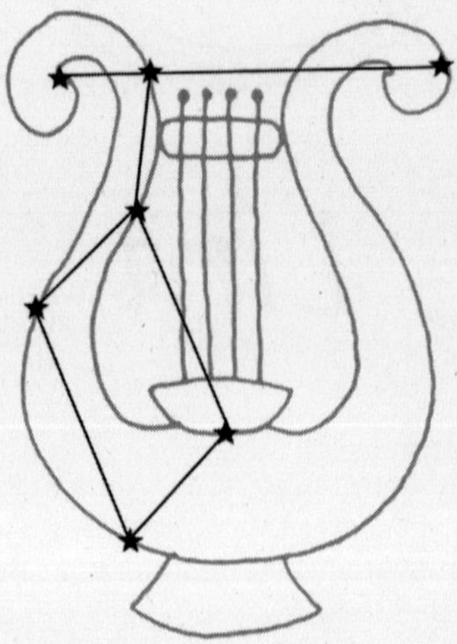

L'enigma di Beta Lyrae

Lira è una piccola costellazione boreale, situata fra Ercole e il Cigno, facilmente individuabile perché alle nostre latitudini nelle sere estive la sua stella più brillante, Vega o Alfa Lyrae, è quasi allo zenit. Vega è la quinta in splendore di tutto il cielo, ed è anche una delle prime per le quali si sono ottenute prove indirette della presenza attorno a essa di una nebulosa protoplanetaria. La seconda della costellazione in splendore è Beta Lyrae, una mia vecchia conoscenza che ho potuto studiare a lungo utilizzando i primi satelliti in grado di dare spettri stellari nell'ultravioletto, ed è stata una delle prime a dare delle sorprese inaspettate. Un altro oggetto caratteristico della costellazione è la nebulosa planetaria ad anello, la famosa Ring Nebula.

Da una stella variabile osservabile nella costellazione e nota come RR Lyrae, prende il nome tutta una classe di stelle variabili che sono state molto importanti (come abbiamo spiegato parlando della costellazione di Ercole) per determinare la nostra posizione nella Via Lattea.

Vega è una stella di colore bianco, la cui temperatura superficiale è di circa 10.000 gradi kelvin. È spesso presa come tipica stella rappresentante delle stelle bianche, insomma un modello a cui riferirsi per stabilire se una stella è «normale» o presenta qualche anomalia.

Eppure anche Vega una sorpresa ce l'ha data. Quando, nel gennaio del 1983, fu lanciato il satellite IRAS (*Infrared Astronomical Satellite*) furono osservate parecchie stelle a lunghezze d'onda comprese fra 12 e 100 micron, e fra queste Vega. La sorpresa fu che essa emetteva nell'infrarosso molto di più di quanto ci si sarebbe aspettato da una stella avente una temperatura di circa 10.000 gradi, che ha un massimo di emissione nell'ultravioletto, a circa 2.900 angstrom. La causa di questo eccesso di emissione nell'infrarosso indicava la presenza di un corpo molto più freddo della stella, ma anche molto più esteso, perché, a parità di superficie, un corpo più caldo emette sempre più di quello più freddo. Da questo eccesso di infrarosso si poteva supporre che Vega fosse circondata da un disco a temperatura inferiore ai 1.000 gradi kelvin e dimensioni molto superiori a quelle del nostro sistema solare: una nebulosa protoplanetaria, da cui si sarebbero potuti formare dei pianeti. In seguito sono state ottenute numerose immagini dirette di stelle giovani, circondate da dischi più freddi e molto più estesi della stella, confermando la plausibilità dell'interpretazione avanzata per l'eccesso infrarosso di Vega.

Beta Lyrae, la seconda in splendore della costellazione, e circa 15 volte più debole di Vega, è una stella binaria che mi ha dato filo da torcere e la cui complessità si è potuta cominciare a chiarire grazie alle osservazioni nell'ultravioletto da satellite.

Quello che si sapeva di Beta Lyrae prima delle osservazioni nell'ultravioletto era che si trattava di una stella doppia, di cui era osservabile solo una stella, poco più calda di Vega, circa 13.000 gradi; le due stelle si eclissavano vicendevolmente ogni 12,9 giorni. Dal moto orbitale della stella visibile si potevano dedurre le masse delle due stelle: quella visibile circa 3 volte la massa del Sole, mentre l'altra addirittura 13 volte la massa solare.

Questo fatto era già una grossa anomalia perché le stelle «normali» sono tanto più luminose quanto maggiore è la loro massa. Qui succedeva il contrario. Però dalla diminuzione di luce osservata quando era eclissata la stella invisibile, si deduceva che non doveva essere molto più debole dell'altra: allora come mai non si riusciva a vederne traccia? Le osservazioni che io con un gruppo di colleghi – americani, cecoslovacchi, giapponesi –, tutti interessati alla stessa stella, abbiamo fatto con i satelliti europei S2/68 e S59, poi col satellite della NASA *Copernicus* e con IUE (una collaborazione NASA-ESA) hanno messo in evidenza la presenza di un inviluppo di gas esteso e rarefatto attorno all'intero sistema e di un disco gassoso attorno alla compagna invisibile.

Le osservazioni possono suggerire che la compagna invisibile, a causa della sua grande massa, debba essere un buco nero. Però la materia che dalla stella visibile viene attratta e spirala attorno al buco nero prima di cadervi dentro, dovrebbe scaldarsi tanto da emettere raggi X, che invece non sono stati osservati. La spiegazione suggerita da due astronomi russi è che il disco attorno alla compagna sia tanto spesso da assorbire completamente la radiazione X e riemettere l'energia assorbita sotto forma di radiazione ultravioletta.

La serie di osservazioni di Beta Lyrae, protrattesi dal 1973 fino alla fine degli anni Settanta, sono state un esempio di esaltante collaborazione internazionale, di utilizzo di vari tipi di satelliti americani ed europei, di simultanee osservazioni dello stesso oggetto dai telescopi a Terra, di scambi di idee e di risultati delle misure tramite telefono e posta, in un'epoca in cui non c'era ancora la posta elettronica, e i nastri magnetici su cui erano registrate le osservazioni dallo spazio viaggiavano da est a ovest e da ovest a est in aereo, accompagnati da dichiarazioni ministeriali attestanti il loro contenuto e la raccomandazione di non sottoporli a controlli elettronici che avrebbero potuto cancellarne le preziose informazioni.

Il primo avviso della straordinarietà di Beta Lyrae fu dato dalla scoperta che nel suo spettro ultravioletto erano presenti delle fortissime righe dovute a elementi più volte ionizzati, come carbonio tre volte ionizzato (a cui cioè erano stati strappati tre elettroni) o azoto quattro volte ionizzato, che avrebbero richiesto temperature di molte centinaia di migliaia di gradi, invece dei 13.000 della stella visibile. Ricordo che quando inviammo alla rivista *Nature* una breve nota su queste inaspettate peculiarità, il *referee* (un esperto che anonimamente dà il proprio giudizio sui lavori inviati per la pubblicazione) ce lo rimandò indietro, dicendo che era impossibile che tali righe fossero presenti in una stella come Beta Lyrae; le nostre interpretazioni dovevano essere sbagliate.

Questo fenomeno, noto come «superionizzazione» è stata una delle scoperte inaspettate risultato delle osservazioni nell'ultravioletto. Esso indica la presenza di fonti di energia diverse e superiori a quelle date dalla velocità di agitazione termica del gas, come per esempio il calore sviluppato per attrito dal gas spiralante attorno al buco nero, a velocità crescente col diminuire della distanza da esso, oppure la presenza di estese e rarefatte corone stellari scaldate da campi magnetici.

L'altro oggetto degno di nota, la nebulosa ad anello, è una delle più belle nebulose planetarie (*vedi* inserto, foto 17). È indicata come M57 nel catalogo di oggetti estesi di Messier ed è caratteristica per il suo anello ovale dai bordi interno ed esterno ben definiti. La stella centrale è una nana bianca avente una temperatura superficiale di circa 100.000 gradi, circondata da una ciambella di polveri e gas. La nana bianca è ciò che resta di una stella che doveva essere simile al Sole, ma molto più vecchia, formatasi più di 10 miliardi di anni fa. È passata attraverso la fase di gigante rossa e il suo rarefatto inviluppo è andato a formare l'anello che osserviamo oggi. Poiché si tratta di una ciambella e non di un guscio sferico, è probabile che l'espansione non sia avvenuta uniformemente in tutte le direzioni, ma soprattutto lungo l'equatore, facilitata dalla forza centrifuga, se la gigante rossa stava ruotando attorno al proprio asse, oppure lungo l'asse magnetico, che avrebbe incanalato le particelle cariche lungo le linee di forza del campo.

Ci sono esempi di nebulose planetarie, come NGC 6543, in cui si vedono nettamente due anelli i cui piani sono perpendicolari fra loro e in cui dunque l'espansione avrebbe potuto avvenire preferenzialmente sia lungo l'equatore sia lungo l'asse magnetico, all'incirca coincidente con quello di rotazione. In altri casi, come NGC 2392 o NGC 3242, si notano chiaramente due anelli, uno più esterno e uno più piccolo interno, indicanti due successive fasi di espansione, ben separate nel tempo.

Gli spettri delle nebulose planetarie non sono spettri continui come quelli delle stelle, ma spettri tipici del gas rarefatto costituiti dalle emissioni degli elementi più abbondanti come idrogeno, elio, carbonio, azoto e ossigeno più volte ionizzati.

Le RR Lyrae sono dette anche variabili degli ammassi globulari, perché sono sempre presenti in queste affollatissime famiglie stellari, ma si trovano anche isolate in quel grande volume sferico che include il disco galattico e che prende il nome di alone galattico. Se ne conoscono circa 2.000 facenti parte di ammassi globulari e circa 7.000 sparpagliate nell'alone, ma si stima che la Galassia ne contenga almeno 100.000 nell'alone e molte di più nel rigonfiamento centrale e sul disco. La loro composizione chimica, più povera di elementi pesanti rispetto al Sole e in generale alle stelle che popolano il disco, come pure la loro posizione nella Galassia indicano che si tratta di stelle vecchie, della prima generazione di stelle formatesi più di 10 miliardi di anni fa. Hanno tutte temperature superficiali comprese fra circa 10.000 e 8.000 gradi kelvin e masse più piccole del Sole. Dopo aver attraversato la fase di gigante rossa e la perdita dell'inviluppo, si trovano in una fase di instabilità in cui raggio e temperatura oscillano periodicamente attorno a un valore medio con periodi di variabilità compresi fra 0,5 e 0,8 giorni.

IL MITO

Quando Orfeo suonava incantava anche i sassi

Nella mitologia greca la lira era lo strumento del grande cantore Orfeo che l'aveva avuta direttamente dal suo inventore,

Mercurio, e tutta la vicenda era oggetto di diversi miti più o meno articolati, ma dal finale sempre tragico.

Mercurio, figlio di Giove e di Maia, una delle sette Pleiadi, era appena venuto al mondo quando saltò fuori dalla culla per andare a combinar guai in giro per l'Arcadia. Uscito dalla grotta dov'era nato, vide sette tartarughe intente a brucare in un prato, ne raccolse una, l'ammazzò e ne svuotò il carapace per farne una cassa armonica; quindi fece dei fori sul bordo e vi tese sette cordicelle (sette come le Pleiadi) fatte con gli intestini degli altri animali uccisi.

Era nata la prima lira e con quella Mercurio se ne andò a rubare cinquanta mucche di proprietà di Apollo poi, da bimbetto qual era, tornò alla sua grotta per fare un sonnellino. Quando scoprì il furto, Apollo si infuriò e dopo una lunga indagine venne a sapere chi era stato, così si presentò alla grotta dove Maia, la madre di Mercurio, cercò di sviare le indagini indicando, a discolpa, il neonato in fasce che fingeva di dormire nella culla. Ma Apollo non si fece ingannare e, preso il piccolo in braccio, lo portò diritto sul-

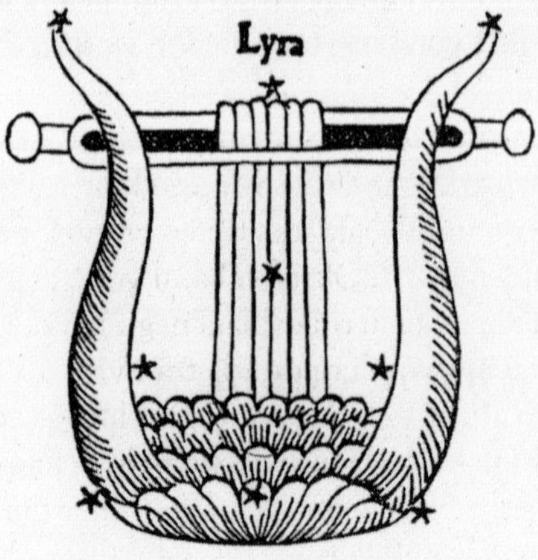

Figura 58. La costellazione della Lira è associata allo strumento col quale Orfeo accompagnava i suoi celebri canti.

l'Olimpo affinché venisse giudicato da Giove. Il bimbo, interrogato, si difese raccontando una bugia dopo l'altra e alla fine fu condannato dal padre a restituire la mandria dalla quale, però, mancavano un paio di bestie che Mercurio aveva sacrificato. Apollo, fuori di sé dalla rabbia, stava per ammazzare il piccolo imbroglione che, capito il pericolo, si mise a suonare la sua lira; il dio rimase letteralmente ammaliato da quella musica divina e perdonò tutto, ma chiese in cambio la lira stessa. Affare fatto.

Non passò molto che Apollo, ormai placato, regalò lo strumento a Orfeo affinché accompagnasse con la musica i suoi bellissimi versi. Cosa che il cantore fece, superando gli insidiosi gorgheggi delle sirene, rabbonendo fiere e incantando anche pietre, fiumi e alberi che, pur di ascoltarlo, non esitavano a spostarsi da una regione all'altra.

Un susseguirsi di successi, fin quando Orfeo sposò la bella Euridice e per tutti e due ebbe inizio la tragedia. Le cose andarono così: la ragazza stava passeggiando in una pianura della Tracia quando fu insidiata da un certo Aristeo e lei, per sfuggire alle brame del tipaccio, inciampò in un serpente velenoso che le morse un piede mandandola nell'Oltretomba. Orfeo, pazzo di dolore, scese agli Inferi e per cercare di riaverla suonò con la sua lira una musica così dolce che intenerì persino Proserpina, la regina del regno dei morti, la quale acconsentì di far tornare Euridice tra i vivi a patto che Orfeo la precedesse sulla via del ritorno senza mai voltarsi a guardarla. Orfeo promise ma, quando ormai stavano uscendo dall'Oltretomba, si voltò a guardare l'amata che immediatamente fu risucchiata negli Inferi, e a niente valse un secondo tentativo di riportarla tra i vivi.

Orfeo tornò allora sulla Terra e vagò a lungo senza meta suonando melanconiche melodie e declinando le proposte amorose di parecchie ragazze che un giorno, offese dal rifiuto, si coalizzarono e lo ammazzarono a sassate. Fu solo allora che Orfeo poté raggiungere la sua amata Euridice nell'Oltretomba, mentre le Muse ponevano in cielo la sua lira.

Il mito di Orfeo ed Euridice è stato inteso come un'allegoria della lotta tra la luce e il buio; in questa interpretazione Orfeo è identificato con il Sole, Euridice con l'aurora e il crepuscolo, mentre il serpente rappresenta il buio della notte.

LA STORIA

La strada bianca che attraversa il cielo

Secondo l'antica cosmologia maya, la Via Lattea costituiva uno dei principali elementi celesti. Chiamata *Sah Bih*, «Strada Bianca», rappresentava il sentiero che univa il mondo celeste a quello sotterraneo e lungo il quale transitavano esseri di vario genere durante le loro avventure mitologiche; per questo motivo l'estremo inferiore della Via Lattea era noto come *Xibal Be*, «Strada della Paura», nome appropriato per una via che conduceva al mondo sotterraneo dei morti, *Xibalba*, «Luogo della Paura».

Quando la Via Lattea appariva orizzontale nel cielo notturno, era comunemente associata al corpo di un dragone celeste o a una canoa; quando invece si trovava in posizione verticale era correlata al tronco di un albero cosmico. In entrambi i casi, queste entità sovrannaturali fungevano da «strade» cosmologiche.

Le caratteristiche simboliche della Via Lattea sono ben chiare nel mito maya della creazione. Questo, ricostruito unendo dati preispanici, coloniali e moderni, narra che prima dell'ultima creazione, avvenuta l'11 agosto 3114 a.C., il dio del Mais Hun Nal Ye fu sconfitto e decapitato dalle divinità del mondo sotterraneo. I suoi due figli gemelli, Venere e il Sole, scesero allora nel mondo sotterraneo e, dopo aver compiuto diverse prodezze, tra

Figura 59. Secondo i Greci la Via Lattea era mossa da Nyx, dea della notte, mentre la dea del giorno Hemera fermava il cerchio di stelle.

le quali l'abbattimento di un uccello mitologico appollaiato su un albero, riuscirono a far rivivere il loro padre ricollocandone la testa sul corpo.

Il padre, rinato dal carapace di una tartaruga, l'11 agosto 3114 collocò tre pietre che raffiguravano simbolicamente le tre pietre del focolare e che costituirono il centro dell'universo. In quello stesso punto, 542 giorni dopo, il 3 febbraio 3112 a.C., il dio del Mais, attraverso un atto di autosacrificio rituale, innalzò l'albero cosmico Wakah Chan, «Cielo Innalzato», che separò il cielo dalla Terra e dette così ordine al mondo.

Il mito appena riassunto ha un'importante simbologia celeste: l'albero sul quale sta appollaiato l'uccello, così come l'albero innalzato dal dio del Mais, sono la Via Lattea quando si trova in posizione verticale nel cielo. Ogni anno, al tramonto dell'11 agosto, la Via Lattea inizia a piegarsi verso l'orizzonte replicando la caduta dell'uccello sconfitto dai gemelli; una volta assunta la posizione orizzontale, la Via Lattea si trasforma in un dragone-canoa che si muove da est a ovest e porta il dio del Mais verso il luogo della creazione, dove colloca le tre pietre originarie.

Il luogo della creazione corrisponde allo spazio che nel cielo si trova tra le costellazioni dei Gemelli e di Orione: quest'ultima era immaginata dai Maya nella forma di una tartaruga con tre pietre sul carapace. È quindi dalla costellazione di Orione-Tartaruga che il dio del Mais rinasce e si innalza verso il centro del cielo, così come Orione-Tartaruga si leva verso lo zenit: il cordone om-

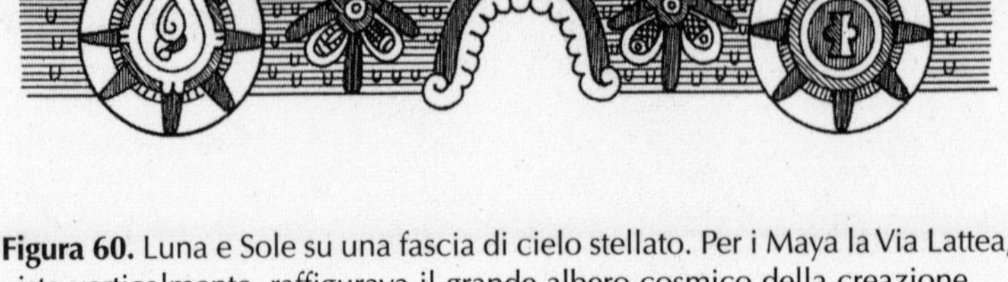

Figura 60. Luna e Sole su una fascia di cielo stellato. Per i Maya la Via Lattea, vista verticalmente, raffigurava il grande albero cosmico della creazione.

belicale del dio fu disteso nel cielo a formare l'eclittica, lungo la quale i suoi figli e gli altri pianeti si sarebbero mossi.

Il mito trova la corrispondenza della sua conclusione dopo sei mesi, il 3 febbraio, quando, al tramonto, le tre «pietre» di Orione sono ancora allo zenit e cominciano a scendere verso ovest, mentre la Via Lattea si innalza sino ad assumere la posizione verticale: in questo momento è Wakah Chan, «Cielo Innalzato», l'albero cosmico che dà ordine al mondo. Da allora ebbe inizio il movimento degli astri nel cielo, in quel cielo che ogni anno replica gli eventi della creazione.

Nel momento in cui la Via Lattea fu innalzata completamente, cioè quando essa si presenta nel cielo in posizione quasi verticale, al suo estremo meridionale si trova la costellazione dello Scorpione, che anche i Maya identificavano con lo stesso animale: per questo alcune raffigurazioni dell'albero cosmico mostrano uno scorpione alla sua base. Il braccio orizzontale a forma di serpente bicefalo che si vede in altre raffigurazioni, per esempio il celebre sarcofago di Palenque, è l'eclittica, mentre sulla cima della Via Lattea sta Ytzam ye, animale che raffigura la costellazione del Grande Carro.

Nel mondo azteco la Via Lattea era variamente rappresentata da una strada celeste e da una coppia di divinità, chiamate Citlalatonac («Dove Splendono le Stelle») e Citlalicue («Gonna di Stelle»), che presero parte a miti di creazione nei quali l'innalzamento della Via Lattea precede o segue immediatamente la creazione degli dèi e la separazione del cielo dalla Terra.

Nei codici mixtechi, invece, la Via Lattea è rappresentata come una dea celeste con una fessura nel corpo: tale fessura simboleggia il punto di intersezione tra l'eclittica e la Via Lattea, luogo di nascita del pianeta Venere, che è infatti raffigurato nell'immagine mentre emerge dalla fessura.

Orione

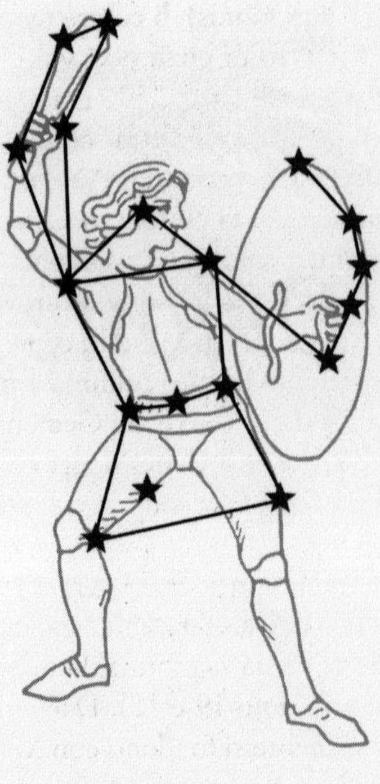

L'incubatrice di stelle

Orione è una delle più belle costellazioni, facilmente riconoscibile per due stelle fra le più brillanti, di poco inferiori a Vega. Sono Betelgeuse (Alfa Orionis) di colore rossastro, una supergigante rossa con diametro di circa 800 volte quello del Sole e temperatura superficiale di circa 2.500 gradi, più a nord, e Rigel (Beta Orionis), una stella azzurrastra, con temperatura superficiale di circa 20.000 gradi, verso sud. Più o meno a metà distanza angolare fra queste due, la cintura di Orione, formata da tre stelle quasi altrettanto splendenti, Gamma Orionis, Epsilon Orionis e Zeta Orionis, tutte di colore azzurrastro e temperature superficiali fra i 15.000 e i 20.000 gradi, come Rigel.

È una costellazione invernale, culmina a mezzanotte a metà dicembre, si trova a sud del Toro e dei Gemelli e a ovest dei due cani del cacciatore Orione, il Cane Maggiore, dove splende Sirio, e il Cane Minore, con Procione, di poco più debole e di colore giallastro.

Gli oggetti più interessanti sono la grande nebulosa di Orione (M42 nel catalogo di Messier), una vera e propria incubatrice di giovani stelle e, per la sua forma, la nebulosa oscura Testa di cavallo (*vedi* inserto, foto 19 e 20). Due altre nebulose, M43 e NGC 1982 praticamente si fondono con M42.

La nebulosa di Orione è una regione ricca di gas diffuso e di polveri, cioè di minuscole particelle solide di grafite, silicati e ghiaccio, con impurità di ferro e altri elementi, aventi diametri inferiori al millesimo di millimetro. Le striature scure che si stagliano sulla massa luminosa sono regioni in cui si addensano le polveri nascondendoci la luce delle stelle che vi sono immerse. Così la grande nebulosa oscura Testa di cavallo (la somiglianza con la testa dell'animale è davvero straordinaria) si erge su uno sfondo luminoso di luce delle stelle nascoste dalle polveri e da esse diffusa, che ricorda quella del Sole nascosto da una grossa nuvola.

Le nebulose oscure assorbono completamente la luce visibile, ma si possono sondare utilizzando radiazioni infrarosse e radioonde. Così si è scoperto che, associata alla splendente nebulosa di Orione e proprio dietro di essa, c'è una densa nube molecolare, formata cioè essenzialmente da molecole di idrogeno, ma anche da molte altre molecole fra cui il monossido di carbonio. La temperatura è fra i 10 e i 100 gradi assoluti (-263 e -173 gradi centigradi). Gas diffuso, polveri e nubi molecolari sono gli ingredienti necessari per la formazione di nuove stelle, e infatti la nebulosa di Orione e tutte le regioni a essa collegate sono popolate da un gran numero di stelle molto giovani, che hanno meno di un milione di anni (pochissimi in scala astronomica), dove stelle e galassie hanno cominciato a formarsi più di 13 miliardi di anni fa, e in cui il Sole ha 5 miliardi di anni e la Terra e il sistema solare 4 miliardi e 600 milioni di anni.

Stelle ancora più giovani scoperte nella nebulosa sono quelle circondate da anelli di polvere e gas – nebulose protoplanetarie, da cui si formerà un sistema planetario, e ancora più giovani sono certe macchioline scure, densi agglomerati di gas e polveri, di diametri compresi fra circa un decimo e un anno luce, detti «globuli di Bok», perché scoperti nel 1947 dall'astronomo olandese, trapiantato negli Stati Uniti, Bart Bok. Si ritiene che questi globuli, contraendosi sotto l'azione della forza di gravità, diano origine a stelle. La presenza delle polveri nelle nubi di gas è fondamentale per favorire il processo di formazione delle stelle. Infatti gli atomi di gas, muovendosi a caso, tendono a disperdersi. Urtando una particella di polvere la cui massa e dimensioni sono enormemente più grandi di quella degli atomi liberi viene frenato il moto caotico di questi ultimi, favorendo l'aggregazione di materia. Un criterio indicato dal fisico inglese James Jeans per stabilire la massa critica al disopra della quale può avere inizio la contrazione gravitazionale è che la massa superi di 30.000 volte la radice quadrata della temperatura divisa per la densità della nube. Quindi, perché possa avvenire la contrazione necessaria per formare una stella occorre una massa critica tanto più grande quanto maggiore è la temperatura (e quindi la velocità di agitazione termica degli atomi di gas) e quanto minore è la densità.

La fase successiva ai globuli di Bok si ritiene sia rappresentata dagli «oggetti Herbig-Haro» dal nome dei due scopritori, l'americano George Herbig e il messicano Guillermo Haro. Sono piccole, deboli nebulose probabilmente illuminate da stelle appena formate, e ancora racchiuse come in un bozzolo nella nube che interagisce con i getti di gas emessi dalle stelle neonate. La fase ancora successiva è rappresentata dalle stelle T Tauri (dal nome della prima di quella specie scoperta), stelle variabili in modo del tutto irregolare, ancora in fase di contrazione verso quella che potremmo definire il raggiungimento dell'età adulta, la fase più lunga della loro vita; è quella in cui si trova ora il nostro Sole, che cinque miliardi di anni fa è stato anch'esso una variabile del tipo T Tauri (di cui parleremo anche nella costellazione del Toro).

IL MITO

Il gigante con un nome poco dignitoso

Orione è una delle costellazioni conosciute anche da chi il cielo lo guarda poco. La sua immagine imponente e nitida appare in bella vista nel cielo notturno e fin dalla preistoria gli uomini vi riconobbero il più bello degli uomini, il grande cacciatore.

Ma scoprire chi si cela davvero dietro questo personaggio celeste di tanto successo non è affatto facile. Prima cosa da capire è come mai Orione, che nella mitologia greca non brilla certo per imprese mirabolanti, ebbe una sistemazione privilegiata tra le stelle. Unica spiegazione possibile, ancora una volta, è che la costellazione sia arrivata in Grecia provenendo dalla Mesopotamia e, strada facendo, abbia perduto tutto il suo bagaglio mitico, imponendo così ai Greci di inventarsi qualcosa che ne giustificasse la presenza in cielo.

Per i Sumeri Orione era il gigante Uru-anna, «luce del cielo», conosciuto anche come Dumuzi-Tammuz, il dio della natura che si rinnova ogni anno, rappresentato nell'atto di affrontare Gud-anna, «toro del cielo». In questo caso si tratterebbe dell'allegoria della lotta annuale che piante e animali devono sostenere per rinnovare la vita.

Un'altra tradizione mesopotamica identifica Orione con Gilgamesh, il mitico re sumero della città di Uruk. L'eroe rifiutò le

Figura 61. I Greci ereditarono la figura del gigante Orione da antichi miti mesopotamici e tentarono, con scarsi risultati, di associarlo a imprese epiche.

profferte amorose della dea Ishtar la quale, offesa, si vendicò inviando il Toro celeste a devastare il regno di Uruk; ma Gilgamesh e il suo amico Enkidu sorpresero l'animale sacro nelle paludi dell'Eufrate, lo trafissero a morte e lo fecero a pezzi.

Gilgamesh è l'equivalente sumero di Ercole, e diversi elementi porterebbero a identificare quest'ultimo con Orione: la lotta con il Toro può infatti ricordare quella di Ercole con il toro di Creta; la clava e la pelle di leone che Orione spesso impugna negli atlanti stellari sono anche gli attributi tipici dell'eroe greco. Ma nonostante queste evidenze, nessun mitografo antico collega Orione a Ercole, sebbene fosse diffusa l'incertezza sulla reale identità dell'eroe delle dodici fatiche.

Vediamo ora i miti relativi a Orione nel mondo classico. Secondo i Greci Orione era figlio di Nettuno, che gli donò la capacità di camminare sulle acque, anche se lui preferiva andare a caccia nei boschi brandendo la sua clava di bronzo. La storia più articolata che lo riguarda racconta che, recatosi nell'isola di Chio, s'innamorò della giovane principessa Merope la quale, però, non ne voleva sapere e lui, sotto l'effetto del vino, la prese con la forza. Il re Enopione, sconvolto da tanto oltraggio, lo fece accecare e lo scacciò dall'isola. Il bel gigante, disperato, raggiunse l'isola di Lemno dov'erano le officine del dio del fuoco Vulcano che, impietosito dalle sue condizioni, gli offrì come guida un bimbo affinché lo accompagnasse ai confini del mondo dove la notte dormiva Elio, il Sole, l'unico in grado di restituirgli la vista. Orione si diresse a est, verso il punto dove sorgeva il Sole, e quando i raggi dell'alba sfiorarono la sua faccia i suoi occhi ripresero a vedere. A questo punto l'avvenenza di Orione ebbe il sopravvento su tutto e il dio del Sole, affascinato da tanta bellezza, pretese e ottenne di passare una notte col gigante guarito; ma anche la dea Aurora, madre dei venti e delle stelle, s'era innamorata di lui e per averlo tutto per sé lo rapì portandolo lontano.

Dopo una serie di tentativi falliti di conquistare le grazie delle Pleiadi, le sette sorelle figlie di Atlante, Orione si trovò implicato in una faccenda sentimental-sessuale raccontata in diversi miti che, invariabilmente, finiscono con la morte del nostro eroe. Uno di questi narra che Diana s'innamorò del bel gigante e stava quindi pensando di rinunciare al suo voto di castità; un'eventualità che non piacque affatto a suo fratello Apollo il quale le preparò una tragica trappola. Avendo visto Orione nuotare in un fiume, andò dalla sorella sfidandola a colpire con una freccia, se ne era capace, quel puntolino nero che si vedeva muovere sull'acqua, in lontananza. Diana, vera maestra dell'arco, non se lo fece ripetere due volte, tese la corda e scoccò la freccia che uccise Orione.

Questo è tutto quanto sappiamo delle gesta di Orione, e sembra davvero poca cosa a fronte della sua importanza nel cielo. La sensazione è che ci manchi del tutto la parte mitica originaria, quella mesopotamica. Perciò dobbiamo tenerci Orione così come ci hanno raccontato i mitografi classici: un gran nome con poca storia; anzi, un nome di cui non conosciamo né il senso né l'origine, nonostante gli sforzi degli studiosi di etimologia. Ecco perché riportiamo un bizzarro mito che rivela quanto i Greci s'affannarono per farsi una ragione del nome di quel gigante venuto da Oriente, Ur-anna, che alle loro orecchie suonava così simile alla parola urina.

Il mito, riportato da Ovidio, narra che, una sera, tre viandanti che percorrevano la Beozia passarono da Tanagra, non lontano da Tebe, dove un anziano contadino di nome Irieo li invitò ad accettare la sua ospitalità ed entrare nella povera capanna dove viveva. I tre stranieri, che in realtà erano gli dèi Giove, Nettuno e Mercurio, accolsero l'invito e subito il vecchio accese il fuoco per bollire fave e verdure da offrire agli ospiti. Nell'attesa versò un po' di vino rosso ma, appena Nettuno ebbe bevuto il primo bicchiere, disse a Irieo di versare da bere anche a Giove. Sentito nominare il padre degli dèi, il vecchio Irieo capì chi erano i suoi ospiti e per poco non svenne. Ripresosi dall'emozione sacrificò l'unico bue che aveva, lo spellò e lo mise ad arrostire; quindi aprì una brocca di vino buono che conservava fin da quando era ragazzo.

I tre dèi apprezzarono il pranzo e quando ebbero finito Giove chiese al contadino: «Se desideri qualcosa, chiedi e l'avrai».

Irieo rispose raccontando di aver giurato eterna fedeltà all'amatissima moglie, ormai morta da tempo. «Lo dissi, e mantengo la promessa», spiegò Irieo, «e tuttavia ho un desiderio: vorrei essere padre, senza avere un'altra donna!»

Ascoltata la richiesta, gli dèi andarono dietro alla pelle del bue che Irieo aveva messo ad asciugare e la inondarono con la loro urina; quindi la seppellirono sotto un mucchio di terra avvisando il vecchio che da quel cumulo sarebbe nato il figlio che desiderava. Dieci mesi dopo, infatti, dalla terra uscì un bambino che Irieo, visto che era stato concepito con l'urina, chiamò Urione, che possiamo tradurre con «Piscione», nome che col tempo e per decoro fu cambiato in Orione.

Un mito stravagante che però mette in risalto un particolare interessante: Urione suona curiosamente simile al sumero Uru-anna. E questo sembra suggerire un battesimo di Orione per assonanza; cosa che gli studiosi di etimologia escludono, pur avendo ben poco altro da suggerire. Eppure, seguendo il mito e la singolare somiglianza tra Uru-anna e Urione, potremmo ipotizzare che il cambiamento del nome avvenne quando la costellazione sumera fu accolta nel cielo dai Greci che però, non sapendo nulla del personaggio stellare, e non riuscendo neppure a intenderne il nome che al loro orecchio rimandava a quella parola poco decorosa, non poterono far altro che inventarsi un mito ad hoc, nel quale l'urina aveva un ruolo fondamentale.

Il processo linguistico seguito è una sorta di acrobazia verbale in cui il nome frainteso funziona da innesco e dà origine al mito grazie a un meccanismo di associazione tra parole apparentemente simili, veri equivoci che avviano una serie di rimandi metaforici o presunti tali, i quali finiscono per strutturare il racconto. Avanzare un'ipotesi basandosi su un'assonanza è rischioso ma, in mancanza di proposte più serie, è meglio tenerci il mito tramandato da Ovidio e da altri classici che, se non altro, ha il merito di darci una spiegazione; mitica, appunto.

Il Sole, Giotto e gli effetti speciali

Parecchie delle nostre città hanno un impianto di base geometrico: certe sono strutturate su assi ortogonali, cioè con il *cardo* che segue l'orientamento nord-sud e il *decumano* quello est-ovest; altre hanno una pianta circolare con un centro da cui partono a raggiera le vie di comunicazione. Queste caratteristiche sono facilmente apprezzabili da chiunque guardi una mappa cittadina e spesso ci dicono che le città nacquero e si svilupparono secondo uno schema orientato astronomicamente.

Una cosa che invece sfugge ai più è che la gran parte delle antiche chiese fu costruita, oltre che a pianta cruciforme, su un asse maggiore orientato da est a ovest, con l'abside a est; cioè con la testa della croce direzionata verso il punto in cui sorge il sole. Per i fedeli dei secoli passati questo aveva un forte significato in quanto collegava simbolicamente la nascita dell'astro con Cristo.

Lo stretto legame tra architettura sacra e volta celeste viene dalle profondità del tempo e, come abbiamo detto nel paragrafo «L'uomo preistorico alzò gli occhi al cielo», è stato meglio compreso in anni recenti grazie alla nascita dell'archeoastronomia, disciplina che ha dedicato grande attenzione proprio agli edifici sacri in quanto depositi privilegiati di conoscenze e tradizioni arcaiche.

Uno dei casi più spettacolari di questo connubio tra architettura e volta celeste fu scoperto e descritto nel 1988 da Giuliano Romano, allora docente di astronomia all'Università di Padova, il quale realizzò un accurato esame della Cappella degli Scrovegni, a Padova, dove si trovano i celebri affreschi realizzati da Giot-

Figura 62. Nella Cappella degli Scrovegni, a Padova, Giotto dipinse la cometa ispirandosi forse alla Halley, apparsa nel 1301; per studiare questo corpo celeste, nel 1986 fu lanciata la sonda *Giotto*. (Illustrazione di Renato De Pretto.)

to tra il 1303 e il 1305, anno in cui l'edificio fu solennemente consacrato.

Stimolato da alcune osservazioni dello studioso tedesco Hans Michael Thomas, che aveva ipotizzato una qualche relazione tra alcuni particolari della scena della Natività e il Sole – spesso la teologia contemplativa paragonava l'astro a Gesù, specialmente nel momento della nascita –, Romano decise di effettuare uno studio della cappella dal punto di vista astronomico che rivelò «quanto utile possa essere la scienza del cielo anche nell'interpretazione di particolari espressioni della cultura umana».

Una mattina di ottobre del 1988 Romano stabilì con precisione l'orientamento dell'asse della cappella e, utilizzando delle accuratissime mappe in scala 1/50, procedette a una serie di cal-

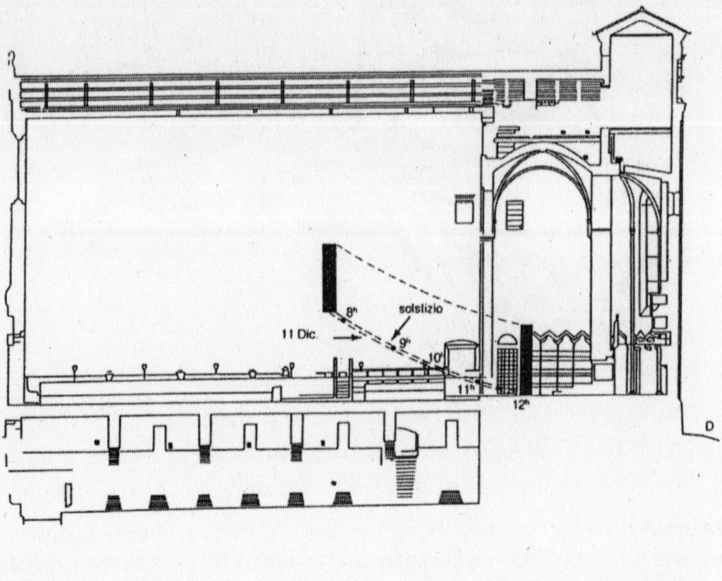

Figura 63. Il disegno mostra lo spostamento della luce solare che, attraverso una finestra, illumina la porta utilizzata dagli Scrovegni per entrare nella cappella la mattina di Natale.

coli che gli permisero di tracciare il «cammino descritto da una macchia di luce, generata dalla finestra posta sul lato sinistro del dipinto della Natività, durante la mattina di Natale».

Oggi la presenza di diverse costruzioni, erette nelle vicinanze della cappella nei secoli successivi, e di alberi posti a sud della chiesa, non permette più alla luce solare di penetrare liberamente nell'edificio e dar vita agli «effetti speciali» previsti da chi realizzò la cappella e gli affreschi, ma gli accurati calcoli di Romano raccontano minuziosamente che cosa accadeva la mattina di Natale all'inizio del Trecento. Scrive Giuliano Romano:

> È noto che essendo il Natale vicino al solstizio invernale, il movimento che i raggi luminosi e le ombre generate dal sole durante questo periodo fanno ogni giorno è praticamente lo stesso durante un periodo di alcuni giorni. Ebbene, come mostra la figura [*vedi* Figura 63, *N.d.A.*], al mattino, al sorgere del sole, la luce che entra dalla finestra forma un lungo e stretto rettangolo luminoso sulla parete interna nord alla stessa altezza della finestra; poi lentamente tale rettangolo si sposta verso il basso mentre il sole sale sulla sfera celeste. Tra le 10 e le 11 (ora solare) la finestra illumina completamente la porticina che consentiva l'entrata dei signori Scrovegni [proprietari della cappella, *N.d.A.*] che venivano ad assistere alle funzioni liturgiche.
>
> Quando, col passare delle ore, la macchia luminosa che si abbassa progressivamente giunge alla fine del suo cammino, a mezzodì, essa tocca il pavimento dalla parte della parete settentrionale della cappella. Poi la luce sparisce perché i raggi provenienti dalla finestra vengono intercettati dalla spalletta dell'arco che introduce all'abside. In quel momento, una persona di statura normale posta sull'asse della chiesa di fronte ai gradini dell'altare maggiore viene illuminata proprio sulla testa dalla luce del sole che penetra attraverso la finestra.
>
> Nello stesso istante un'altra persona che fosse posta sempre sull'asse della cappella ma qualche metro più indietro,

esattamente di fronte al quadro della Natività, viene anch'essa illuminata proprio sulla fronte dalla luce che entra dalla seconda finestra, quella che si trova alla destra dello stesso affresco.

Un effetto del genere poteva essere quanto mai suggestivo, specie nell'atmosfera mistica del Natale, per quelle pie persone che nel Medioevo trovavano nella teologia e nel mistero della nascita di Cristo la massima espressione della manifestazione divina.

Identificate queste sorprendenti correlazioni astronomiche, Romano decise di proseguire nelle ricerche di altri eventuali effetti luminosi. E i risultati furono ancora una volta sorprendenti.

Sulla parete d'entrata della Cappella degli Scrovegni, Giotto e i suoi allievi hanno dipinto una grandiosa scena raffigurante il Giudizio Universale. In questa, nella parte inferiore è rappresentato l'atto di donazione della Cappella alla Madonna da parte di Enrico Scrovegni e, a sinistra, tra i beati, appare anche San Francesco, un santo che era particolarmente caro a Giotto [...]. Utilizzando i dati dell'orientamento della chiesa, le piante molto accurate della costruzione e i rilievi fotografici del grande affresco, è stato possibile col calcolo tracciare il cammino luminoso determinato da un piccolo foro che è posto sopra la prima finestra, quella che si trova immediatamente alla sinistra della porta d'ingresso [...]. Una osservazione attenta fatta da H. Thomas aveva infatti mostrato che questa apertura determina una lama luminosa molto netta [...].

Come è noto, un foro gnomonico – e l'apertura sopra la finestra può essere considerata tale almeno per questi aspetti ierofanici – genera una macchia di luce la quale passa per uno stesso punto due volte all'anno, in due date nelle quali la declinazione del sole assume gli stessi valori.

Nel caso del foro sopradetto, le tracce luminose da esso

Figura 64. Stampa americana raffigurante un vero effetto speciale creato dalle stelle cadenti (Leonidi) nel 1833. (Rielaborazione di Renato De Pretto.)

determinate passavano sopra i personaggi rappresentati nella scena nei seguenti momenti dell'anno:

1) Attorno al 15 Maggio e l'8 di Settembre, del calendario vigente nell'epoca di Giotto [...] la macchia di luce passava, verso le 9.30 (ora solare) sopra l'immagine della Madonna; la Vergine alla quale la chiesa era stata offerta. La seconda data, quella dell'8 Settembre, è proprio quella della festa della Natività di Maria!

2) Attorno al 25-28 Marzo e al 26-29 Agosto la macchia luminosa, circa alle 9.30, passava sopra il modellino della cappella che Enrico Scrovegni offre alla Vergine. Ricordiamo che il 25 Marzo, la prima delle due date, è l'Annunciazione a Maria!

3) La figura di Enrico degli Scrovegni veniva invece attraversata dalla macchia di luce, sempre attorno alla stessa ora, nelle date attorno all'8 Aprile e al 15 Agosto. Il 15 Agosto cade proprio, guarda caso, la festa dell'Assunzione in cielo della Vergine!

Tre coincidenze non sono poche, tuttavia può anche essere possibile che tutto questo sia casuale; resta però il fatto che la probabilità d'una mera coincidenza è molto, ma molto bassa.

È interessante notare inoltre che i fenomeni luminosi che si manifestano nella cappella sono associati tutti a festività tipicamente mariane, cioè la Natività di Maria, l'Annunciazione e l'Assunzione in cielo della Vergine, nonché al Natale.

Difficile davvero che si tratti di coincidenze e, come fa notare ancora l'autore dello studio, nel Trecento erano note le nozioni fondamentali di astronomia e l'uso dell'astrolabio e della sfera armillare.

Proprio utilizzando questi strumenti, che com'è noto costituiscono una specie particolare di calcolatori analogici utili per risolvere problemi di astronomia sferica, è possibile determinare l'azimut della levata del sole in qualunque giorno. Operando poi su un modello in scala della cappella, analogo a quello che si vede rappresentato nella scena della Dedicazione dipinta sopra la sua porta d'entrata, è possibile, a mezzo degli strumenti suddetti, e utilizzando piccoli pannelli di legno o di carta, rappresentare le direzioni che i raggi di luce, che penetrano dalle varie aperture, possono assumere nei diversi momenti della giornata e durante tutto l'arco dell'anno.

Sul modello era dunque possibile segnare sia le posizioni esatte delle varie aperture, che la disposizione delle scene che dovevano poi essere dipinte. Un buon architetto aiutato magari da un astrologo [all'Università di Padova esisteva allora la cattedra «ad astrologiam», *N.d.A.*] poteva facilmente realizzare gli effetti luminosi che desiderava.

Sagittario

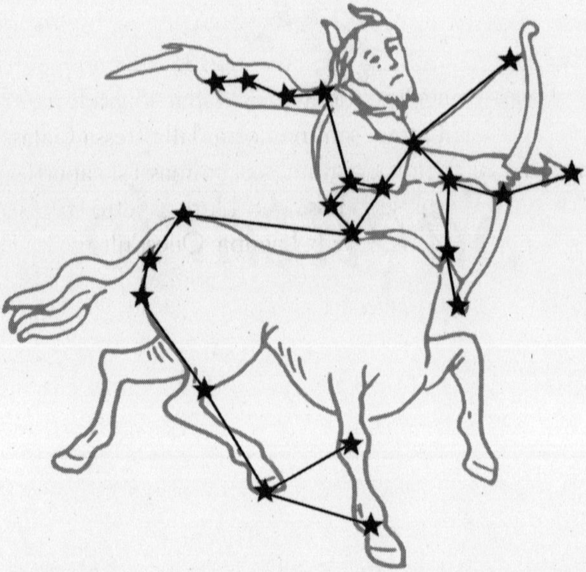

Stelle normali, stelle anomale

Sagittario è una costellazione situata in gran parte nell'emisfero australe, e culmina a mezzanotte, all'inizio di luglio. In quella direzione si trova la radiosorgente Sagittarius A, che coincide col centro della Via Lattea. Sempre visibile nel Sagittario c'è una galassia nana, scoperta per caso nel 1994, che è il più vicino satellite della Via Lattea, a soli 52.000 anniluce dal rigonfiamento centrale, col suo asse maggiore inclinato di circa 45 gradi rispetto all'equatore della Via Lattea, seminascosta dalla stessa Galassia. In quella direzione sono presenti numerosi ammassi sia aperti sia globulari, oltre a tre nebulose famose per il loro aspetto spettacolare: la nebulosa Omega, la Trifide e la Laguna. Quest'ultima ha al centro una struttura luminosa chiamata «clessidra» per la sua forma e delle striature scure che le danno l'aspetto di una laguna; la Trifide (*vedi* inserto, foto 18) ricorda molto il muso di un gatto d'angora, la Omega è stata chiamata anche «Ferro di cavallo». È formata da due anelli, di cui uno brillante e l'altro molto debole.

Infine nella costellazione del Sagittario incontro un'altra mia vecchia conoscenza, una stella molto particolare, Upsilon Sagittarii. Il mio principale campo di ricerca è consistito infatti nello studio della costituzione fisica e dello stato evolutivo delle stelle «peculiari». Di alcune di queste ho già parlato: sono Epsilon Aurigae, CH Cygni, Beta Lyrae. Nelle galassie le stelle sono, per la maggioranza, «normali» e questa normalità è rivelata dallo studio del loro spettro, che si ottiene disperdendo la luce nelle sue componenti monocromatiche, dal rosso al violetto, e poi grazie ai satelliti anche nell'ultravioletto e nell'infrarosso, che vengono in gran parte assorbiti dalla nostra atmosfera. Dall'analisi di questi spettri si possono dedurre la temperatura e la densità superficiali e la composizione chimica; dalle conoscenze sulle proprietà della materia allo stato gassoso, quale è quella stellare, è invece possibile ricostruire le condizioni nell'interno della stella, rendersi conto, per esempio, che nel centro esse sono tali da permettere reazioni nucleari che sono la fonte dell'energia irradiata dalla stella, ma che modificano la stella stessa continuamente, provocando la sua evoluzione e la sua fine.

La maggioranza delle stelle può essere inquadrata in classi a seconda di temperatura, densità, stato evolutivo. Ma una minoranza presenta delle anomalie, delle peculiarità, come per esempio la presenza di grandi inviluppi rarefatti, simili alla corona solare ma molto più estesi, o di getti di gas, variabili e imprevedibili, o una composizione chimica anomala. La stragrande maggioranza delle stelle è caratterizzata da una composizione chimica standard: circa il 90 per cento sono atomi di idrogeno, 9 per cento di elio e solo l'1 per cento comprende tutti gli altri elementi; ma vi sono le eccezioni, appunto, gli individui peculiari. Sono quelli più divertenti da studiare perché si tratta di capire quali sono le cause fisiche che provocano le anomalie.

Upsilon Sagittarii ha la peculiarità di essere quasi del tutto priva di idrogeno. Mentre nelle stelle normali ci sono 9 atomi di elio ogni 90 di idrogeno, in Upsilon Sagittarii c'è un atomo di idrogeno ogni 2.000 atomi di elio. Questa stella è la più conosciuta di un piccolo gruppo di stelle povere di idrogeno. Si tratta di stelle appartenenti a un sistema binario, in cui le due stelle nel corso della loro evoluzione si sono ripetutamente scambiate parte della loro massa e hanno anche disperso nello spazio i loro strati superficiali ricchi di idrogeno, mettendo a nudo gli strati più profondi, nei quali sono avvenute reazioni nucleari che hanno trasformato l'idrogeno in elio. Quindi la scarsità di idrogeno dipenderebbe dal loro avanzato stato di evoluzione, accelerato dallo scambio di materia con la compagna.

Ma ritorniamo alla radiosorgente Sagittarius A e al centro della Galassia. Non è stato facile stabilire quale fosse la posizione del Sole nella Via Lattea. L'aveva tentato William Herschel già alla fine del 1700, facendo conteggi di stelle in varie parti del cielo. I suoi risultati mostravano che le stelle si addensavano su un disco. Herschel fece l'ipotesi che tutte le stelle avessero lo stesso splendore intrinseco e quindi le più deboli fossero anche le più lontane. Anche se l'ipotesi era sbagliata, permetteva una stima grossolana della forma e delle dimensioni della Galassia, perché le stelle molto luminose sono relativamente poche e quelle molto deboli sono numerosissime ma non osservabili con i telescopi dell'epoca, per cui in media prevalevano nei conteggi le stelle di media luminosità. Siccome Herschel trovava circa lo stesso numero di stelle lungo tutte le direzioni del disco, dedusse giustamente che il Sole doveva trovarsi al centro della Galassia.

L'olandese Jacobus Cornelius Kapteyn (1851-1922) un secolo dopo ripeteva le osservazioni di Herschel, disponendo di una migliore conoscenza degli splendori e delle distanze delle stelle, e arrivava alle stesse conclusioni: il Sole era al centro della Via Lattea. Fu Harlow Shapley (1885-1972), alla fine degli anni Venti, a scoprire la reale posizione del Sole nella Via Lattea. A differenza dei suoi predecessori Shapley, invece di conteggiare le stelle per lo più situate sul piano della Via Lattea, studiò la distribuzione degli ammassi globulari, che in gran parte si trovano nell'alone galattico, quindi fuori del piano, e si accorse che il loro numero cresceva rapidamente nella direzione in cui si trova la costellazione del Sagittario, e ne dedusse che il centro galattico doveva trovarsi là. Per misurarne la distanza utilizzò le variabili RR Lyrae, che come sappiamo sono sempre molto numerose negli ammassi globulari e infatti sono anche dette «variabili degli ammassi». Poiché hanno la caratteristica di avere tutte circa lo stesso splendore intrinseco – più o meno 100 volte quello del Sole –, dallo splendore apparente, facilmente misurabile, determinò la distanza dal centro galattico, che trovò pari a circa 50.000 anniluce.

Sia Herschel sia Kapteyn e Shapley ignoravano l'esistenza delle polveri interstellari, scoperte solo nel 1930 dall'astronomo svizzero Robert J. Trumpler, polveri che diffondono la luce stellare facendo apparire le stelle più deboli e quindi più lontane di quello che sono effettivamente, e anche più arrossate, in quanto la luce violetta viene diffusa più della luce rossa. Poiché il numero di stelle cresce in direzione del centro, ma anche la quantità di polveri cresce nella stessa direzione, sia Herschel sia Kapteyn trovavano lo stesso numero di stelle tanto in direzione del centro quanto nella direzione opposta. Shapley, osservando oggetti per lo più fuori del piano galattico, su cui sono concentrate le polveri, scoprì la posizione eccentrica del Sole, ma anch'egli sovrastimò la distanza dal centro, perché comunque le polveri, anche se meno abbondanti che sul disco, riducevano lo splendore delle variabili RR Lyrae, facendole apparire più deboli e quindi più lontane. Dopo la scoperta di Trumpler la distanza del centro galattico fu ridimensionata a circa 30.000 anniluce. Oggi il valore comunemente accettato è compreso fra 25.000 e 27.000 anniluce.

Sagittarius A è una forte radiosorgente, di struttura assai complessa, che potrebbe coincidere proprio col centro della Galassia. Le polveri interstellari che si addensano verso il centro ne impediscono l'osservazione ottica, utilizzando cioè le radiazioni a cui è sensibile l'occhio. Le radiazioni infrarosse invece sono meno diffuse dalle polveri. Questo dipende dal fatto che i granuli di polvere hanno dimensioni di qualche decimo di micron, comparabili cioè alla lunghezza d'onda della luce – da circa 0,7 micron nel rosso a 0,3 nel vicino ultravioletto –, e rappresentano grossi ostacoli, mentre per l'infrarosso con lunghezze d'onda da circa un micron a qualche decina di micron sono ostacoli più facilmente superabili, e assolutamente inesistenti per le onde radio. È un po' come il filo d'erba che ostacola il cammino della formica, ma è assolutamente inesistente per un elefante.

Che Sagittarius A rappresenti proprio il centro della Galassia lo suggerisce anche l'addensarsi di vari oggetti nelle sue immediate vicinanze: altre radiosorgenti, Sagittarius B, C e D, tutte giacenti sul piano galattico entro una lunghezza di 700 anniluce. Osservazioni a lunghezze d'onda millimetriche indicano che intorno a Sagittarius A c'è una corona di gas molecolare di raggio pari a 6 anniluce. Ne rileviamo l'esistenza perché le molecole sono paragonabili a minuscole radiotrasmittenti sintonizzate a lunghezze d'onda di pochi millimetri, che fanno sentire la loro presenza.

Il telescopio spaziale Hubble (HST) ha scoperto anche due ammassi stellari molto grossi, distanti circa 100 anniluce da Sagittarius A. Infine con uno dei telescopi da 8 metri di diametro dell'Osservatorio Europeo dell'emisfero australe (ESO) un gruppo internazionale di ricercatori ha scoperto una stella a sole 17 oreluce dal centro e ne ha potuto misurare l'orbita. Dal semplice fatto che la stella resta in orbita attorno al centro della Galassia, senza cadervi sopra né sfuggire lungo la tangente all'orbita, segue che la forza gravitazionale esercitata dalla regione centrale della Galassia sulla stella e la forza centrifuga causata dalla sua velocità di rotazione orbitale sono eguali. Di qui si ricava il valore della massa, contenuta entro l'orbita della stella.

La massa risulta pari a circa 3,3 milioni di masse solari. Ossia è come se entro un volume il cui raggio è appena 3 volte la distanza di Plutone dal Sole fossero contenuti più di tre milioni di stelle come il Sole. Una simile concentrazione di massa fa ritenere molto probabile che al centro della Galassia ci sia un buco nero.

Poiché per definizione un buco nero è una regione dello spazio per uscire dalla quale occorrerebbe una velocità di fuga superiore a quella della luce, per cui nemmeno la luce potrebbe uscirne, si calcola facilmente che il raggio di un buco nero avente una massa di 3 milioni di masse solari è di poco superiore al raggio del Sole (che è 695.000 chilometri). Dalla nostra distanza dal centro galattico, che è di 27.000 anniluce, lo vedremmo sotto un angolo inferiore a un centomillesimo di milionesimo di radiante, pari a circa 7 milionesimi di secondo d'arco. Un telescopio in grado di risolvere un angolo così piccolo lavorando alla lunghezza d'onda di una diecina di micron, che non viene apprezzabilmente assorbita dalle polveri interstellari, dovrebbe avere un diametro di 300 chilometri. Per una lunghezza d'onda di 100 micron occorre un telescopio di 3.000 chilometri.*

Oggi esistono reti di radiotelescopi sparsi su tutta la Terra e collegati elettronicamente che equivalgono, in quanto a capacità di vedere dettagli, a un telescopio di diametro pari a quello del nostro pianeta. Si stanno facendo modifiche che consentano a questi radiotelescopi di lavorare a lunghezze d'onda molto più brevi, come quelle micrometriche, e quindi si potrà vedere finalmente se al centro della Via Lattea c'è davvero un buco nero o solo una fittissima concentrazione di stelle e polveri.

IL MITO

Il misterioso uomo selvatico beato tra le Muse

Il Sagittario ha un'identità confusa anche nell'immagine, che infatti ricalca quella del Centauro, sistemato in una costellazione tutta sua. Quest'ambiguità fece discutere gli antichi Greci, divisi tra coloro che lo vedevano come un centauro armato di arco e frecce e altri che invece ritenevano fosse un satiro, un essere ibrido dall'aspetto umano, ma con piedi e orecchie caprine e coda di cavallo.

Di questo era convinto anche Eratostene, il quale faceva notare che in nessun mito i centauri usavano archi e frecce e, secondo

* Un telescopio è in grado di risolvere dettagli angolari tanto più piccoli quanto maggiore è il suo diametro e quanto più piccola è la lunghezza d'onda impiegata per le osservazioni.

la tradizione, quell'ibrido celeste era un figlio del dio dei boschi Pan, creatura dal corpo umano con particolari caprini. Tutto vero, ma la costellazione si chiamava Sagittario, ed era rappresentata da un essere metà umano e metà equino che usava arco e frecce.

Tanta confusione era dovuta alla natura straniera del Sagittario, che i Sumeri chiamavano Pabilsag, identificato poi con Ninurta, il potente dio della guerra il quale, per il suo caratteraccio, finì per provocare una rivolta alla quale presero parte tutti gli elementi della natura, schierati su due fronti contrapposti.

Ninurta e i suoi alleati ebbero la meglio e il dio ricompensò chi lo aveva difeso e maledisse quelli che si erano schierati contro di lui. Poiché alla guerra avevano partecipato anche tutti i tipi di pietre, il dio vittorioso maledisse quelle che lo avevano combattuto e premiò quelle che lo avevano sostenuto: ecco perché esistono pietre preziose e pietre destinate a essere calpestate, come quelle delle soglie e dei pavimenti.

Figura 65. La vera identità del Sagittario non è chiara, e tutto lascia credere che si tratti della versione greca di Enkidu, l'uomo selvatico del mito sumero.

Secondo alcuni mitografi moderni la figura del Sagittario potrebbe essere identificata con il sumero Enkidu, l'uomo selvatico, l'amico del grande Gilgamesh, assieme al quale uccise il Toro celeste. Arrivato in Grecia con caratteristiche di uomo selvaggio, il Sagittario sarebbe stato identificato come Pan, il dio dei boschi, ma poiché in Mesopotamia era interpretato come Pabilsag-Ninurta e veniva raffigurato anche in forma di ibrido con torso umano, corpo di cavallo e zampe posteriori di aquila, le due forme finirono per mescolarsi nello stesso mito, creando quella confusione che s'è detto.

Il mito greco racconta che il Sagittario era Crotus, figlio di Pan ed Eufemia, la nutrice delle nove Muse protettrici delle arti, che vivevano spensierate e felici nei boschi del Monte Elicona, dove anche il giovane satiro trascorreva le sue giornate intrattenendosi con loro, andando a cavallo e cacciando con arco e frecce, armi di sua invenzione. Le Muse si divertivano un mondo a vederlo correre e cacciare e lui era tanto soddisfatto a sentirle cantare e ballare che inventò per loro gli applausi; così dice il mito.

In omaggio alle sue molteplici qualità, Giove lo mise tra le stelle sotto forma di ibrido sommando la possenza del cavallo, l'abilità dell'arciere e l'aspetto caprino tipico dei licenziosi figli di Pan; caratteristiche che indussero il mitografo romano Igino a commentare maliziosamente che le Muse s'erano sollazzate tanto con lui quanto Bacco si era divertito con i satiri.

Il cielo rinchiuso nella Terra Cava

Che la Terra sia una sfera leggermente schiacciata ai poli è ormai una verità che non ha bisogno di prove o conferme scientifiche. Eppure non è accettata da tutti. Ancora oggi, infatti, c'è chi la crede piatta come un disco o chi sostiene addirittura che sia cava come un pallone da calcio. E mentre l'idea che sia piatta ha una sua radice istintiva, suggerita dalla percezione quotidiana, quella della Terra Cava sembrerebbe una trascurabile bizzarria di qualche eccentrico mentre, in realtà, ha avuto un padre nobile e una schiera di sostenitori persino tra le alte gerarchie naziste.

Uno dei primi a proporre l'idea che la Terra fosse cava fu l'astronomo Edmund Halley, lo scopritore dell'omonima cometa, il quale nel 1692, per spiegare le variazioni del campo magnetico terrestre, ipotizzò che all'interno della Terra vi fosse una seconda sfera, o forse diverse, sempre più piccole, l'una dentro l'altra come scatole cinesi. Secondo questa ipotesi, che Halley espose alla Royal Society di Londra, esseri viventi abitavano sulla superficie della Terra interna e avevano come cielo la parte inferiore della Terra esterna; il Sole non era previsto, ma l'illuminazione dell'antro era assicurata da un gas luminoso che, filtrando attraverso la sottile crosta terrestre in corrispondenza dei poli, provocava il fenomeno delle aurore boreali.

Questo fu il primo embrione della teoria che nel secolo successivo venne ripresa dal matematico svizzero Leonhard Euler (Eulero), secondo il quale non c'erano più sfere l'una dentro l'altra, ma una sola, del tutto cava, all'interno della quale brillava un piccolo Sole che illuminava un'umanità avanzatissima installata sulla superficie concava; mentre noi che viviamo all'esterno, sulla superficie convessa, non ci siamo mai accorti di nulla.

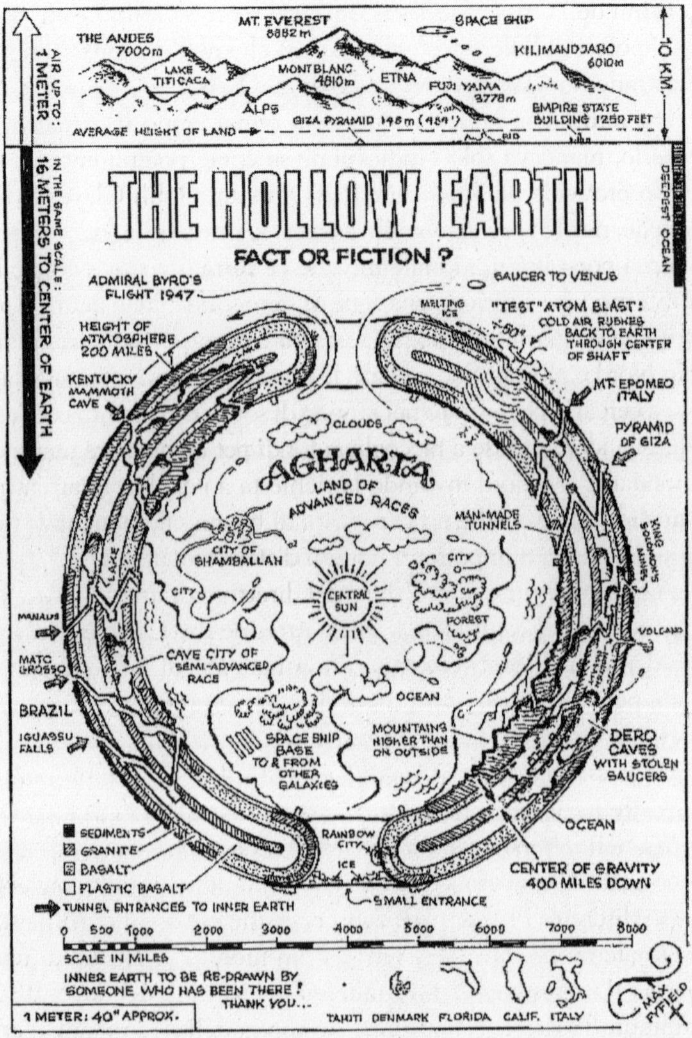

Figura 66. In questo schema, presente in molti siti Internet dedicati alla Terra Cava, si vedono il Sole all'interno della Terra, i due ingressi principali ai poli e alcuni passaggi secondari di cui uno nel Monte Epomeo, Ischia. (Disegno di Max Fyfield.)

Ai primi dell'Ottocento il matematico scozzese John Leslie aderì all'ipotesi di Eulero sostenendo però che nell'immenso scrigno sotterraneo brillavano non uno, ma due Soli.

Insomma, che la Terra fosse cava ormai erano in parecchi a crederlo, mancava solo l'indicazione su come poterci entrare. A questo provvide un americano dell'Ohio, tale John Cleves Symmes che, nel 1818, si mosse alla grande. «A tutto il mondo», scrisse senza porsi limiti, «io affermo che la Terra è vuota e abitabile all'interno, che contiene una serie di sfere solide l'una dentro l'altra e che è aperta ai Poli.» In sostanza Symmes sosteneva che al Polo Nord e al Polo Sud c'erano le porte d'ingresso e bastava andare a cercarle per entrare nel mondo di sotto. E convinto com'era della sua idea, si mise a raccogliere fondi per organizzare una spedizione al Polo Nord inviando la richiesta a possibili finanziatori ai quali recapitò anche un certificato di buona salute mentale firmato da medici e importanti uomini d'affari amici suoi.

Alla fine ci riuscì con l'aiuto del direttore di un giornale e di un senatore del Kentucky, il quale ottenne dal Congresso e dal presidente degli Stati Uniti un finanziamento di 300.000 dollari che però arrivarono solo nel 1831, quando ormai Symmes era morto da due anni. La spedizione partì comunque, ma non trovò l'ingresso sperato e l'idea della Terra Cava sembrò sul punto di sparire in un buco nero.

Ma nel 1846 arrivò dalla Siberia una notizia clamorosa. Dal fango della tundra ghiacciata era affiorato un mammut congelato e in discrete condizioni di conservazione; una scoperta che secondo alcuni provava l'esistenza di un mondo di sotto e di una «porta» d'ingresso in corrispondenza di ciascuno dei due poli: il mammut, dissero i sostenitori della teoria della Terra Cava, era sbadatamente uscito dal mondo di sotto ed era morto di freddo.

Intanto anche antropologi e archeologi partecipavano, ognuno per le proprie competenze e magari con qualche distinguo, alla costruzione della Terra Cava abitata all'interno. In realtà, sostenne un antropologo tedesco-sudamericano nel 1836, anche le differenze razziali riscontrabili nelle popolazioni presenti all'esterno del pianeta potevano essere spiegate con la teoria dalla Terra Cava: dall'apertura del Polo Nord erano usciti i popoli di pelle bianca, dal buco del Polo Sud quelli di pelle scura. Tutti, però, trovando l'ambiente troppo freddo, s'erano poi diretti verso latitudini più temperate popolando il mondo.

Nel 1870 un eclettico fisico americano con tendenze mistiche, Cyrus Reed Teed, cercò di ribaltare tutto affermando che la Terra era certamente cava, ma eravamo proprio noi i suoi abitanti che, senza rendercene conto, vivevamo sulla superficie concava dell'interno; il cielo non sarebbe stato altro che una gi-

Figura 67. Un'illustrazione del *Viaggio al centro della Terra,* che Jules Verne pubblicò nel 1864 ispirandosi probabilmente alla teoria della Terra Cava.

gantesca bolla di un gas che riempiva tutto il vuoto formando in certi punti particolari effetti luminosi che noi chiamavamo Sole, Luna e stelle.

Dopo la Grande Guerra la teoria della Terra Cava dell'americano Cyrus Reed Teed ebbe una discreta diffusione nei Paesi dell'Europa settentrionale e in particolare in Germania dove, con l'avvento del nazismo, l'ipotesi che all'interno del nostro pianeta fiorisse una civiltà creata da una razza superiore scampata alla catastrofe di Atlantide ebbe ripercussioni anche sulla condotta di guerra dell'esercito.

Figura 68. Una vecchia incisione tedesca mostra un uomo medievale che mette la testa fuori dalla cupola celeste per ammirare le meraviglie dell'universo. È il simbolo del desiderio di conoscenza dell'umanità.

Come ha scritto Umberto Eco nel suo saggio *Dalla Terra piatta alla Terra cava*,

> secondo alcune fonti (per esempio Gerard Kniper, dell'Osservatorio di Monte Palomar, in un articolo apparso su *Popular Astronomy* nel 1946, e Willy Ley, che aveva lavorato in Germania alle V1, nel suo articolo 'Pseudoscience in Naziland', *Astounding Science Fiction* 39, 1947) nelle alte gerarchie tedesche la teoria venne presa sul serio, e in alcuni ambienti della marina germanica si riteneva che la teoria della Terra cava permettesse di stabilire con più esattezza le posizioni delle navi inglesi perché, se si fossero usati i raggi infrarossi, la curvatura della Terra non avrebbe oscurato l'osservazione. Un'altra diceria sostiene che, sempre durante la seconda guerra mondiale, Hitler aveva inviato una spedizione nell'isola baltica di Rugen, e qui un certo Dr. Heinz Fischer avrebbe puntato una camera telescopica verso il cielo per individuare la flotta britannica che stava navigando all'interno della superficie convessa della Terra cava. L'esperimento non aveva dato risultati interessanti.
>
> Si dice persino che furono sbagliati alcuni tiri delle V1 proprio perché si calcolava la traiettoria partendo dall'ipotesi di una superficie concava e non convessa. Dove – se è vero – si vede l'utilità storica e provvidenziale delle astronomie deliranti.

Deliranti sì, ma non effimere. A distanza di oltre tre secoli dalla prima esposizione di Halley, infatti, l'ipotesi della Terra Cava vive e vegeta ancora nelle pieghe di Internet, dove basta cliccare su Terra Cava o Hollow Earth per scoprire davvero un oscuro mondo sotterraneo.

Toro

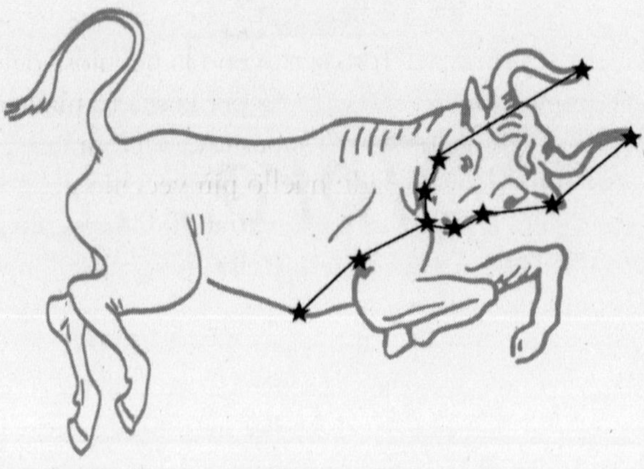

Una costellazione ricca di oggetti caratteristici

Il Toro è una costellazione zodiacale situata fra Ariete e Orione, che culmina a mezzanotte, alla fine di novembre. È facilmente riconoscibile per la presenza della splendente Aldebaran (Alfa Tauri), di colore rossastro e diametro circa 40 volte quello del Sole.

Nella costellazione del Toro si trovano la nebulosa del Granchio (*vedi* inserto, foto 10), così detta per la sua forma caratteristica, che è ciò che resta di una supernova esplosa nel 1054; il giovane ammasso delle Pleiadi; quello più vecchio delle Iadi; la capostipite di una famiglia di stelle variabili di formazione molto recente – T Tauri –, e anche una stella che conosco molto bene e a cui sono affezionata perché è quella che ha segnato il mio esordio come ricercatrice indipendente, Zeta Tauri.

La nebulosa del Granchio, osservata in luce bianca, cioè come ci appare a occhio guardata al telescopio senza particolari accorgimenti, è una macchiolina biancastra leggermente allungata (le sue dimensioni angolari sono di 6' x 4'; per confronto ricordo che vediamo la Luna sotto un angolo di 32') ai cui bordi si vedono dei filamenti irregolari. Se invece la osserviamo attraverso un filtro che lasci passare solo la luce rossa della più forte emissione dell'idrogeno – la H alfa – appare un intrico di filamenti che ricordano vagamente le chele e le zampe di un granchio. Oltre alla luce emette anche onde radio e raggi X.

Confrontando fotografie della nebulosa prese a distanza di molti anni, si vede che sta espandendo e le sue dimensioni crescono di 0,2 secondi d'arco all'anno. Che la nebulosa stia espandendo lo conferma il suo spettro: tutte le righe tipiche degli elementi che la compongono sono sdoppiate, una componente è spostata verso il rosso rispetto alla posizione che ha in laboratorio e l'altra verso il violetto, per effetto Doppler, indicando che la nebulosa sta espandendo alla velocità di circa 1.000 km/sec. Queste osservazioni ci permettono di risalire sia alla sua distanza da noi sia all'epoca dell'esplosione che ha dato inizio all'espansione. Si trova a una distanza di 3.600 anniluce e l'espansione avrebbe avuto inizio circa 900 anni fa.*

Esattamente nella posizione in cui oggi osserviamo la nebulosa del Granchio, astronomi cinesi riportavano di avere osservato l'improvvisa apparizione di una «stella ospite» luminosissima, visibile in pieno giorno. La data della scoperta è incerta, ci sono discordanze fra astronomi cinesi e giapponesi, ma comunque doveva essere agli inizi di luglio. È strano che nessuno l'abbia avvistata in Europa.

La nebulosa del Granchio ci dà una conferma delle nostre teorie sul «dopo l'esplosione». Le emissioni ottiche, radio, X e gamma hanno le stesse caratteristiche che vengono artificialmente emesse dai sincrotroni, dove particelle elementari accelerate a velocità prossime a quelle della luce corrono lungo intensi campi magnetici. I resti di supernova sono dei sincrotroni naturali in cui le particelle accelerate dall'esplosione a velocità prossime a

* Ammettendo che la velocità di espansione sia circa la stessa sia in direzione perpendicolare alla nostra visuale, sia lungo la visuale, possiamo scrivere che l'espansione angolare deve essere uguale all'espansione lineare, misurata direttamente grazie all'effetto Doppler, divisa per la distanza sconosciuta e quindi questa si ricava facilmente. Naturalmente occorre tenere presente che l'espansione angolare, espressa in secondi d'arco, è quella misurata in un anno, mentre quella lineare è espressa in km/sec. Inoltre l'espansione angolare va ridotta da secondi d'arco a radianti.

Nota la distanza e il raggio angolare della nebulosa che è circa 3', si calcola facilmente il raggio lineare che risulta di 3,14 anniluce pari a 28.000 miliardi di chilometri. Alla velocità di 1.000 km/sec, il tempo necessario per passare alle dimensioni di una grande stella in procinto di esplodere (circa 10 raggi solari o 7 milioni di km) alle dimensioni attuali occorrono circa 900 anni.

quelle della luce si muovono nel campo magnetico residuo di quello stellare. La teoria prevedeva anche che ciò che resta della supernova, oltre alla nebulosa in espansione, fosse una stella di neutroni, una minuscola stella il cui diametro è di pochi chilometri e densità di miliardi di volte la densità dell'acqua. In queste condizioni estreme la materia è sotto forma di un gas di neutroni. I neutroni allo stato libero sono particelle instabili, la cui vita media è di una quindicina di minuti, ma qui è come se i componenti degli atomi, protoni ed elettroni, fossero conficcati insieme a formare neutroni stabili. Nel 1968 è stata scoperta una stella di neutroni quasi al centro della nebulosa, ruotante attorno al proprio asse con un periodo di 34 centesimi di secondo. Ogni volta che, nella rotazione, l'asse magnetico della stella è diretto verso l'osservatore, riceviamo un impulso di radiazioni. Dapprima è stata scoperta l'emissione radio, circa un anno dopo che Jocelyn Bell, nel 1967, aveva scoperto le prime stelle di neutroni emittenti impulsi radio con periodicità da poco più di un secondo a circa un quarto di secondo (e perciò chiamate pulsar).

La pulsar nella nebulosa del Granchio è stata la prima a essere identificata con un oggetto visibile. Dopo la scoperta degli impulsi radio furono misurati anche impulsi nel visibile, e a raggi X e gamma con lo stesso periodo. La presenza di queste emissioni X e gamma è la prova che la pulsar emette elettroni a velocità molto prossime a quella della luce in un campo magnetico molto più intenso di quello delle pulsar emittenti solo onde radio. Infatti la radiazione emessa, che è della stessa natura di quella prodotta nei sincrotroni, ha frequenza tanto più alta quanto maggiore è l'energia delle particelle e l'intensità del campo magnetico.

Le Pleiadi (M45 nel catalogo di Messier; *vedi* inserto foto 16), conosciute fin dall'antichità, sono un ammasso aperto abbastanza giovane: la sua età, stimata in base all'età delle sue componenti più vecchie, è di 70 milioni di anni. Le sette sorelle – le stelle più brillanti ben visibili a occhio nudo – formano una specie di triangolo con una coda che a me ricorda gli aquiloni che da bambini facevamo alzare in cielo, correndo per «dargli vento».

In realtà le stelle appartenenti all'ammasso sono più di 500. Le loro distanze da noi sono di circa 400 anniluce. Le stelle più brillanti sono avvolte da nebulosità che riflettono la luce stellare. Poiché ruotano rapidamente, a velocità di più di un centinaio di km/sec (si pensi, per confronto, che il Sole ruota attorno al proprio asse con una velocità di 2 km/sec) espellono gas che forma un inviluppo attorno a esse.

Nell'ammasso delle Pleiadi sono state scoperte nel 1995 le prime «nane brune». Queste sono oggetti con masse intermedie fra quelle delle stelle più piccole – circa 8 centesimi della massa del Sole – e i pianeti più grossi, di massa dieci volte quella di Giove (6 millesimi della massa del Sole). Le nane brune si formano, come le stelle, sotto l'azione della forza di gravità che fa collassare un grumo di gas, ma la temperatura al centro non raggiunge valori sufficienti per innescare reazioni nucleari; esse irraggiano il calore prodotto nella contrazione. La loro esistenza era stata predetta teoricamente prima che fossero effettivamente scoperte nelle Pleiadi.

Sempre nella direzione della costellazione del Toro sono visibili le Iadi. Ne fanno parte circa 200 stelle, in maggioranza giganti rosse, distanti circa 150 anniluce. Più che di un vero e proprio ammasso aperto si tratta di una famiglia di stelle tutte in moto verso una stessa direzione e alla stessa velocità. Questo identico moto tradisce la loro comune origine: probabilmente si trattava di un ammasso aperto tendente a disperdersi perché il legame gravitazionale fra i membri era debolissimo. L'età è molto maggiore di quella delle Pleiadi e stimata pari a circa 400 milioni di anni. Infatti nelle Iadi mancano completamente le brillanti stelle azzurre di massa pari a circa 10 volte quella del Sole, la cui «vita» è di qualche decina di milioni di anni. Esse sono ormai diventate delle giganti rosse.

La costellazione del Toro ospita, come ho ricordato all'inizio, una stella variabile in modo del tutto irregolare e imprevedibile, chiamata T Tauri. È la capostipite delle stelle variabili T Tauri, nel senso che è la prima scoperta di questo tipo di variabili.

Si tratta di stelle molto giovani, potremmo dire nella loro infanzia, perché devono ancora raggiungere quella fase, che potremo chiamare della «maggiore età», in cui si verificano un perfetto equilibrio «idrostatico» fra la forza di gravità che tende a far collassare la stella sotto il proprio peso e la forza di pressione del gas che invece tenderebbe a disperderlo nel mezzo interstellare, e un perfetto equilibrio «termico» fra la quantità di energia prodotta dalle reazioni nucleari che avvengono nel cuore della stella e la quantità di energia che ne viene irraggiata.

Sono stelle di massa circa eguale a quella solare, stanno ancora contraendosi e rappresentano quella che è stata l'infanzia e la giovinezza del nostro Sole. La loro età è stimata di pochi milioni di anni (ricordo che il Sole, che è circa a metà della sua vita «stabile», ha 5 miliardi di anni, e comincerà il suo invecchiamento fra altri 5 miliardi di anni). Le T Tauri sono ancora circondate di gas e polveri, che formano un disco attorno alla stella, da cui potrà formarsi un sistema planetario. La loro variabilità è accompagnata da emissioni di gas, sotto forma sia di getti sia di un continuo «vento» stellare. Sono preziosi modelli per cercare di svelare la formazione del Sole e del nostro sistema solare.

Angolarmente vicino alla nebulosa del Granchio si vede bene a occhio nudo una luminosa stella azzurra, Zeta Tauri. È una stella di temperatura superficiale di circa 15.000 gradi, nel cui spettro, oltre alle tipiche righe scure (righe di assorbimento) che caratterizzano gli spettri stellari, appaiono anche righe brillanti (righe di emissione) di intensità variabile.

Le righe spettrali in assorbimento sono dovute al fatto che a quelle lunghezze d'onda, che corrispondono alle emissioni caratteristiche dei vari gas presenti negli strati superficiali della stella, il gas è molto più opaco che alle lunghezze d'onda circostanti e perciò lascia passare solo la radiazione degli strati più superficiali e più freddi. Quindi l'emissione è molto più debole che nello spettro continuo adiacente e per contrasto si vedono delle righe scure. Lo spettro tipico di una stella è dunque un continuo dal rosso al violetto, somma delle emissioni provenienti dall'interno della stella, e le righe scure sono la somma delle emissioni provenienti dai soli strati superficiali.

Alcune classi di stelle sono caratterizzate dalla presenza di righe più brillanti del continuo adiacente. Per spiegare come mai sovrastano in splendore il continuo, bisogna ammettere o che le regioni in cui si formano sono più calde di quelle che originano il continuo o che provengono da regioni molto più estese della superficie stellare, o ambedue le cose. Per esempio, la corona solare è molto più estesa del Sole, infatti si estende fino a qualche raggio solare, ed è anche molto più calda, raggiungendo temperature di 500.000 o anche 1 milione di gradi (indicate dalla velocità di agitazione termica del gas), ma essendo estremamente rarefatta emette molto meno della superficie solare, e le sue righe di emissione sono osservabili solo con particolari accorgimenti o durante le eclissi totali di Sole.

Nel caso di Zeta Tauri le righe brillanti indicano che la temperatura degli strati emittenti non è superiore a quella della superficie stellare, ma che la stella è circondata da un esteso inviluppo di dimensioni variabili, come variabile è l'intensità delle emissioni.

La stella Zeta Tauri appartiene alla famiglia delle Be dove la lettera B indica il tipo spettrale, cioè stelle di temperature superficiali comprese fra circa 12.000 e 20.000 gradi, mentre la lettera e indica che presentano righe di emissione. Questa stella è stata importante per me perché con essa ho iniziato la mia prima ricerca completamente autonoma. Di solito dopo la laurea si continua, almeno per qualche tempo, la serie di ricerche che sono state oggetto del lavoro di tesi. Come ho già avuto occasione di dire, avevo studiato la cefeide FF Aquilae e poi avevo proseguito a studiare altre cefeidi abbastanza luminose da poterle osservare col modesto telescopio di 30 centimetri di diametro di cui disponevo all'osservatorio di Arcetri. Tuttavia mi sarebbe piaciuto trovare un argomento di ricerca non suggerito da altri. Perciò leggevo le varie riviste di astrofisica, come *The Astrophysical Journal*, *Le Journal d'Astrophyisique*, *Zeitschrift fur Astrophy-*

sik, alla ricerca di idee e di programmi fattibili con i mezzi a mia disposizione. In biblioteca arrivavano regolarmente delle cartoline, dette *Astronomical telegrams*, anche se per posta aerea dagli Stati Uniti, che segnalavano fenomeni astronomici inaspettati, come l'apparizione di una nova o di una supernova, l'improvviso aumento o diminuzione di splendore di una stella variabile irregolare, come appunto CH Cygni, la scoperta di una cometa o di un asteroide. Un giorno apparve la notizia che nello spettro della stella Zeta Tauri erano apparse numerose righe di emissione. La stella era abbastanza brillante per poterla osservare col telescopio da 30 cm, e cominciai a prenderne lo spettro e studiarne le variazioni. Così presi a interessarmi ai problemi relativi a questa classe di stelle, a cercare altri oggetti da osservare, e infine a raccogliere una grande quantità di dati sparpagliati nelle varie riviste e su un lungo arco di tempo, e scrivere una rassegna abbastanza completa delle proprietà di questi oggetti, che fu pubblicata su *Memorie della Società Astronomica Italiana*. Devo dire, a onor del vero, che il relatore della mia tesi, che aveva sperato di poter seguitare una stretta e continuativa collaborazione con me (o, come si diceva allora, che diventassi il suo schiavetto), accettò sportivamente la mia affermazione di indipendenza. Invece un fatto ben poco sportivo si verificò con un altro collega molto più anziano. Avevo da poco cominciato le ricerche sistematiche sulle stelle Be e pubblicato i primi lavori su Zeta Tauri, che anche lui – sebbene il suo campo di ricerca fosse stato da sempre la fisica solare – cominciò a studiare questa classe di stelle con due suoi giovani allievi, utilizzando osservazioni al telescopio di Asiago, senza nemmeno informarmi di questo suo progetto. Un modo di procedere certo formalmente lecito, ma umanamente un po' strano, quasi come si volesse mettere in competizione con me, che ero allora l'ultima ruota del carro, mentre lui era il vicedirettore.

Giove sempre coinvolto in storie scabrose

Il Toro del cielo ha almeno due miti che lo riguardano e, sebbene siano interpretati uno da un toro e l'altro da una mucca, raccontano entrambi avventure extraconiugali di Giove. Di fatto questo settore di cielo è tutto dedicato al sesso e al tradimento. Il primo mito racconta del toro che rapì la bella Europa, figlia di Agenore re di Fenicia, e la portò a Creta dove s'innescò un'interminabile sequenza di vicende che dettero vita a uno dei filoni più importanti di tutta la mitologia greca.

Le cose andarono così. La giovane Europa stava giocando sulla spiaggia vicino a Tiro assieme alle sue amiche mentre Giove la guardava dall'alto dell'Olimpo, sempre più deciso a cogliere quell'ignaro fiorellino e, soprattutto, a fare in modo che sua moglie Giunone non s'accorgesse di nulla. Proprio per questo pensò di tramutarsi in toro e, per avvicinarsi alla ragazza senza suscitare sospetti, ordinò a Mercurio di spostare il bestiame del re che stava pascolando sulle montagne e portarlo verso la spiaggia dove si trovava Europa. Mercurio eseguì gli ordini e Giove si tramutò in un bellissimo toro bianco come la neve mescolandosi agli altri animali della mandria senza che Europa, né tantomeno Giunone, sospettassero di qualcosa. A quel punto si trattava solo di aspettare che la giovane principessa fenicia notasse il toro più bello e mansueto di tutti. Cosa che non tardò a verificarsi, infatti, ed Europa s'avvicinò all'animale affascinata dalla potenza dei suoi fianchi, dalla lucentezza delle corna e dal candore del suo manto. L'accarezzò e lo inghirlandò con fiori e nastri e il toro s'accovacciò convincendo la ragazza a sedersi sulla sua groppa; poi si alzò e, con l'aria di sgranchirsi le zampe nella spuma del mare, cominciò ad allontanarsi dalla riva. Europa, temendo di cadere in acqua, abbracciò stretta l'animale che ormai nuotava al largo, verso Creta.

Solo allora la fanciulla capì che quel toro aveva qualcosa di speciale e infatti, appena raggiunta l'isola, Giove riprese le sue sembianze e svelò la ragione di quella trasformazione. Europa non fece molta resistenza e regalò al re dell'Olimpo tre figli di cui uno, Minosse, destinato a una gran carriera.

Soddisfatte le sue brame, Giove tornò sull'Olimpo ed Europa sposò Asterione, re di Creta, ma dal loro matrimonio non nacquero figli, così il re adottò i tre figlioletti della moglie. Arrivato all'età giusta, Minosse rivendicò il trono di Creta e pregò Nettuno di mandargli in regalo un bel toro come segno del favore divino. Il toro arrivò e Minosse divenne re, ma l'animale era così bello che il giovane sovrano, anziché sacrificarlo al dio degli oceani com'era sottinteso nella richiesta, lo mise nelle sue stalle a produrre discendenza.

Figura 69. Il Toro è una delle costellazioni più feconde di miti a sfondo sessuale che hanno come grande protagonista Giove, il Signore dell'Olimpo.

La cosa offese Nettuno il quale, per vendicarsi, fece in modo che Pasifae, moglie di Minosse, fosse presa da insana passione per l'animale e convincesse l'architetto di corte, il celebre Dedalo, a realizzare una mucca di legno dentro la quale accomodarsi in modo da potersi accoppiare col toro di cui s'era follemente innamorata.

L'architetto costruì la mucca e il toro fece quello che Pasifae si aspettava, col risultato che la regina partorì un mostro, mezzo uomo e mezzo toro, il Minotauro, che il re fece rinchiudere nel labirinto-prigione anch'esso costruito da Dedalo.

Ma anche i costumi sessuali di Minosse non dovevano essere particolarmente morigerati. Il mito racconta infatti che nel seme di Minosse nuotavano «serpenti e scorpioni» a causa di un sortilegio che la moglie gli aveva fatto per punirlo dei suoi continui tradimenti e con la speranza che il malanno che l'aveva colpito lo inducesse a comportamenti più consoni. Ma non fu così. Sull'isola arrivò la bella Procri, l'infedele moglie di Cefalo, e Minosse fu subito attratto dagli sguardi invitanti della donna, alla quale dovette però rivelare i suoi problemi venerei. Procri non si scompose più di tanto e, presa la vescica natatoria di un pesce, confezionò un preservativo femminile, il primo che la storia ricordi, quindi si infilò tranquillamente nel letto del re.

Minosse apprezzò la soluzione ma, a lungo andare, cominciò a lamentarsi di quel diaframma che lo separava dall'amante la quale, prima di andarsene da Creta, gli regalò un'erba magica che lo fece guarire dal male che lo affliggeva.

Il secondo mito collegato alla costellazione del Toro ha come protagonista una mucca, ovvero una bella ninfa di nome Io che un giorno, mentre rientrava a casa dei genitori, fu avvicinata da Giove il quale, senza troppi giri di parole, le propose di costruire una casetta nel bosco dove avrebbero potuto amoreggiare a piacimento senza che sua moglie Giunone si accorgesse di niente. La ragazza, sconcertata dalla proposta, scappò di corsa inseguita da Giove il quale, temendo che Giunone vedesse la scena dall'alto dell'Olimpo, generò una nube scura che avvolse sia lui sia la ragazza e così, protetto da occhi indiscreti, saltò addosso alla ninfa. Ma dall'alto dei cieli Giunone scorse quella strana nube e, sospettando ci fosse di mezzo il marito impegnato in uno dei soliti tradimenti, scese rapidamente sulla Terra per verificare di persona. Giove, intuito il pericolo trasformò Io in una candida mucca.

Davanti alla giovenca Giunone non poté dire nulla, anzi finse di ammirarla e chiese a Giove di regalargliela, cosa che lui dovette fare per evitare altri sospetti. Giunone, immaginando che prima o poi quella mucca si sarebbe trasformata come d'incanto in una bella donna, l'affidò ad Argo, il mostro dai cento occhi, affinché la sorvegliasse giorno e notte con i suoi occhi che dormivano a turno, cinquanta alla volta.

Angosciato dalla triste sorte di Io, di cui si sentiva responsabile, Giove chiese a Mercurio di trovare il modo di uccidere il mostro e liberare la giovenca. Mercurio, con suoni di piffero e racconti sull'origine del flauto di Pan, riuscì nell'impresa impossibile di far addormentare tutti insieme i cento occhi di Argo, poi lo uccise buttandolo giù da una rupe.

Giunone reagì mandando un tafano a martoriare la povera giovenca che, per liberarsi dal tormento, si tuffò in mare, battezzato da allora Mar Ionio; Giunone, furibonda, giurò vendetta e, addolorata per la brutta fine del mostro, raccolse i suoi cento occhi sistemandoli tutti aperti sulla coda del pavone. Così si spiegano le cose nei miti.

Intanto, nuotando e nuotando, Io raggiunse l'Egitto e, sfinita, si sdraiò sulla spiaggia, riflettendo sul suo triste destino di mucca. Fu allora che Giove promise alla moglie che non l'avrebbe più tradita e in cambio chiese di far tornare Io la ragazza che era. Sorprendentemente Giunone credette alle promesse del marito, la mucca finì in cielo a raccontare miti come fosse un toro mentre Io, riprese le sue forme femminili, mise al mondo Epafo, il figlio di Giove, che poi divenne re d'Egitto.

Non tutte le comete annunciavano guai

L'idea che il cielo sia lo specchio della Terra è, l'abbiamo visto, comune a molte culture di tutte le epoche. Per questo gli uomini hanno interpretato ogni anomalia nell'ordine celeste come un annuncio di calamità. Tale visione delle cose spiega perché le comete siano state considerate portatrici di sventure, con poche eccezioni, tra cui la nascita di Cristo. Questo evento astronomico, immortalato da Giotto nell'affresco dell'*Adorazione dei Magi* nella Cappella degli Scrovegni a Padova, è entrato appieno nella tradizione cattolica ma, come vedremo più avanti, secondo la maggioranza degli astronomi non si verificò affatto.

Comunque, a giudicare dalle registrazioni lasciate dai nostri antenati, qualsiasi cosa annunciassero era solitamente destinata a re, imperatori, principi e papi; al contrario – come dice Shakespeare nel *Giulio Cesare* – «quando muoiono mendicanti non si vedono comete», salvo nei casi in cui predicevano pestilenze che ammazzavano signori e poveracci; ma in questo frangente il numero suppliva allo status.

Tra i casi di annunci cometari storicamente rilevanti c'è quello del 44 d.C., quando l'astro arrivò a cose fatte e non poté fare altro che portare in cielo l'anima di Giulio Cesare ormai trafitto dai pugnali; poi c'è quello della cometa del 79 d.C., mentre a Roma regnava il vecchio imperatore Vespasiano, il quale ci scherzò sopra dicendo che l'annuncio di morte era per il suo nemico, il re dei Parti, che aveva una chioma fluente come quella della cometa, mentre lui era calvo. Ironia inopportuna, perché Vespasiano morì lo stesso anno dell'apparizione della cometa. Naturalmente c'era chi si rifiutava di mettere in relazione il pas-

Figura 70. Incisioni del XV e XVI secolo tratte da pubblicazioni dedicate alle comete. Quasi sempre questi astri sono stati considerati apportatori di sventure. Solo la cometa di Betlemme è sfuggita a tale sospetto, sempre pronto a riaffiorare.

saggio delle comete con le vicende terrene. È il caso di Seneca, il quale fece notare come diverse fossero apparse senza alcuna conseguenza rilevante; ma erano parole al vento e all'arrivo di ogni cometa il popolo era preso dal panico, gridava e piangeva, anche perché gli astrologi ritenevano che proprio quegli strepiti potessero interrompere il fenomeno.

E poiché c'era sempre qualcosa di brutto da attribuire alla prima cometa in arrivo, la superstizione dilagava e dall'antichità la cattiva fama di quegli astri passò intatta al Medioevo e poi al Rinascimento, con l'appoggio di personaggi come Paracelso e Martin Lutero, secondo i quali le comete erano inviate direttamente da Dio per punire gli uomini dei loro peccati. I pontefici di Roma, dal canto loro, cercavano di mettere in atto adeguate contromisure e nel 1456, quando comparve in cielo una cometa a forma di scimitarra, papa Callisto III la scomunicò subito, pensando che annunciasse la caduta di Costantinopoli da tempo assediata dai Turchi. Poi ordinò speciali preghiere di massa; ma servirono a poco e su Costantinopoli sventolò la Mezzaluna.

Un bell'elenco di avvistamenti cometari e presunte conseguenze lo pubblicò, sul finire del Seicento, il filosofo e astronomo calabrese Rutilio Benincasa nel suo *Almanacco Perpetuo*, sottotitolato *Opera molto necessaria, e dilettevole, come anco di gran giovamento, et utile a ciascheduno, e particolarmente ad Astrologi, Fisonomici, Medici, Fisici, Chirurghi, Barbieri, Distillatori, Alchimisti, Agricoltori, Pittori, Nocchieri, Viandanti, Maestri di Campo, Sergenti Maggiori, Aiutanti, e qualunque altra persona curiosa.*

Ecco qualche esempio datato con cura:

> Anno 728: *in Costantinopoli fu gran pestilenza, che tolse la vita a più di trecentomila persone, e si veddero due gran comete che l'una andava la mattina avanti il Sole, e l'altra lo seguiva la sera, e in Brescia nacque un fanciullo con due denti.*
>
> Anno 984: *in Italia fu una gran cometa, e la fame, e peste l'oppressò; e vi levò molta gente; in Fiandra si vide un gran ser-*

pente volar per l'aria, e in Genova un cavallo parlò, in Pisa veduti huomini con effigie di cane.

Anno 1019: *imperando Ottone III l'anno 1019 nel mese di giugno a hore 9 si vide una cometa, e travi ardenti in Cielo, e poi apparve una figura grandissima di Serpente con terremoto, Ottone ordinò che all'Imperio non succedesse il figliuolo, ma si facesse eletione.*

Anno 1316: *in Milano si viddero molte statue per l'aria volare, e si sentirono voci spaventevoli, e nell'aria si vidde gran fuoco a somiglianza d'una gran galera, in Costantinopoli furono vedute tre lune, e tre Comete, tre mesi, e la fame, e la peste fecero gran danno in molti Paesi.*

Anno 1526: *si vide una cometa in forma di spada, qual durò dalli 13 d'Agosto fino li 6 di Settembre, e essendo rotto il Re d'Ungaria da Turchi, e volendo fuggire s'affogò in un fiume paludoso, e i Turchi seguendo ebbero la vittoria, e presero Buda città d'Ungaria.*

Erano tempi in cui ognuno vedeva in cielo quello che voleva e il celebre chirurgo francese Ambroise Paré, nel suo trattato *Des monstres et prodiges* del 1571, ci ha lasciato un bell'esempio di inaffidabilità dei testimoni oculari: «Questa cometa era così orribile e spaventosa e generava un così gran terrore nel volgo, che alcuni morirono di paura; altri caddero ammalati. Appariva essere di lunghezza eccessiva, ed era color sangue; alla sua sommità si vedeva la figura di un braccio curvo, che teneva in mano una grande spada, come se avesse voluto colpire. In cima alla punta c'erano tre stelle. Ai due lati dei raggi di questa cometa si vedeva un gran numero di mannaie, coltelli, spade macchiate di sangue tra le quali c'era un gran numero di facce umane orribili, con le barbe e i capelli irti».

La cometa più celebre in assoluto è quella di Halley, così battezzata in onore di Edmund Halley che, nel 1682, ne predisse la periodicità in circa 76 anni, contribuendo decisamente alla migliore comprensione della vera natura di questi corpi celesti. Ma la paura degli astri con la coda si ripresentò puntuale proprio col ritorno della Halley, nel 1910, quando i giornali di diversi Paesi diffusero la notizia che la sua coda piena di gas nocivi avrebbe avvelenato l'atmosfera, con conseguente moria generalizzata, esattamente il 19 maggio.

A innescare la reazione di panico fu un articolo pubblicato a Parigi dal celebre astronomo Camille Flammarion (1842-1925), nel quale lo scienziato spiegava i tanti modi in cui i venefici gas avrebbero provocato la fine del genere umano. Ce n'erano per tutti i gusti, anche quello dell'alterazione della concentrazione dell'azoto nell'aria che, se non altro, avrebbe avuto il merito di far morire tutti tra le risate, grazie all'euforia che tale squilibrio provoca nel nostro cervello.

Figura 71. La pubblicità di una bombola d'aria pura anticometa apparsa sul *Corriere della Sera* il 17 maggio 1910, alla vigilia del massimo avvicinamento della Halley la cui coda era ritenuta formata da gas venefici.

Le affermazioni del fantasioso astronomo rimbalzarono sui media di mezzo mondo scatenando un'ondata di spavento e una corsa ad accaparrarsi qualsiasi cosa potesse aiutare a scampare alla morte. Immediatamente apparvero sul mercato i rimedi più disparati, dalle tradizionali maschere antigas, alle pillole anticometa, fino alla «bottiglia gonfiata con aria purissima» che l'industria francese Michelin propose agli automobilisti con annunci pubblicitari che comparvero anche sul *Corriere della Sera* il 17 maggio, due giorni prima dell'apocalisse annunciata.

La notte che precedette quella che doveva essere la fine del mondo fu caratterizzata da lunghe file davanti ai confessionali, mentre un'ondata di isterismo collettivo seminava infarti tra i più apprensivi; altri proprio non ce la fecero ad aspettare e anticiparono l'evento buttandosi dalla finestra. I più scettici, invece, passarono la notte fra il 18 e il 19 maggio tra bagordi di vario genere e salutarono lo scampato pericolo stappando bottiglie di champagne, come fosse l'anno nuovo.

Scettica e spavalda era stata l'anno prima la reazione dell'ineffabile scrittore americano Mark Twain, che non perse l'occasione per regalarci una pillola di (inopportuno) sarcasmo: «Sono nato nel 1835 quando passò la cometa di Halley. Torna l'anno prossimo e penso di andarmene con lei... se ciò non accadesse sarebbe la più grande delusione della mia vita». Non fu deluso: morì il 21 aprile 1910, all'età di 75 anni, a un mesetto dall'apocalisse che non ci fu.

Non sempre, però, le comete sono state associate a eventi negativi; anzi, in qualche caso furono considerate portatrici di buone nuove. Già nell'antichità s'era manifestata questa duplice interpretazione, tanto che re Mitridate sosteneva d'esser nato in occasione della comparsa di una cometa, e che un'altra s'era presentata quasi a festeggiare l'inizio del suo regno; stessa incoronazione cometaria celebrò l'inizio del regno di Augusto. Secondo questi due regnanti si sarebbe trattato quindi di annunci positivi, ma non è detto che tutti li abbiano considerati tali.

Come dicevamo all'inizio, la cometa più celebre è senza dubbio quella tradizionalmente associata alla nascita di Cristo, sebbene i Vangeli di Luca, Marco e Giovanni non parlino affatto di comete, e solo quello di Matteo accenni a una stella, ma non una cometa, che avrebbe guidato il cammino dei Magi. Diversi studiosi ritengono peraltro che il riferimento alla stella sia in realtà un espediente letterario di carattere simbolico. Gli astronomi sostengono infatti che nel 7 a.C. (che sarebbe la vera data della nascita di Cristo, poi modificata in seguito a errori e cambiamenti di calendario) non apparve alcuna cometa e suggeriscono piuttosto un allineamento tra Giove e Saturno nella costellazione dei Pesci che, a causa della diffrazione della luce, avrebbe prodotto una luminosità cinque volte superiore alla somma delle sorgenti luminose prese singolarmente.

Ma allora perché la cometa brilla da secoli su ogni presepe? Il vero responsabile è Giotto il quale, primo fra tutti, la raffigurò

Figura 72. La cometa di Halley, apparsa nel 1066, riprodotta nel celebre arazzo di Bayeux dove sono raffigurate le vicende relative alla conquista normanna dell'Inghilterra.

sulla capanna della Natività e da allora la cometa entrò nell'iconografia del Natale. La dipinse nella scena dell'*Adorazione dei Magi* (Figura 62) del ciclo pittorico della Cappella degli Scrovegni, con un nucleo rosso fuoco molto evidente e una coda curva e striata dove il rosso sfuma in un colore nerastro.

Furono proprio queste caratteristiche «naturalistiche» ad attrarre l'attenzione dell'americana Roberta J.M. Olsen, storica dell'arte, che nel maggio del 1979 pubblicò un articolo su *Scientific American* sostenendo che Giotto aveva dipinto la cometa degli Scrovegni raffigurando quella di Halley, apparsa nel 1301, cioè un paio di anni prima della realizzazione degli affreschi. La tesi della Olsen fece molto clamore, ma suscitò anche varie critiche da parte degli astronomi i quali fecero osservare, tra l'altro, che la cometa di Giotto ha un nucleo di colore rosso fuoco mentre nelle relazioni stilate all'epoca dell'evento dagli astronomi cinesi si parla chiaramente di colore bianco; inoltre, né la Halley né un'altra cometa apparsa nello stesso anno si presentarono in modo così appariscente da poter essere osservate in maniera particolareggiata e prese a modello dall'artista toscano.

La presunta resa naturalistica della cometa fu messa in discussione anche da uno studio di Claudio Bellinati, il quale sostiene che la cometa di Giotto è l'esatta trasposizione pittorica delle citazioni del Vangelo di Matteo interpretate dal celebre medico e filosofo padovano Pietro D'Abano, secondo il quale le comete erano «esalazioni secche e calde, che si infiammano... Dopo un grande fuoco [il nucleo, *N.d.A.*], la materia perde il colore rosso e si tinge di nero». Esattamente gli stessi colori che si vedono nell'affresco di Giotto.

Stando a questa interpretazione, non si può dunque parlare di raffigurazione realistica di una specifica cometa, ma resta il fatto che l'astro di Giotto è una cometa come nessun altro aveva dipinto prima di lui.

Vergine

Che cosa studia un telescopio gravitazionale?

Quella della Vergine è una costellazione molto estesa, situata fra il Leone e la Bilancia, e culmina a mezzanotte, verso la metà di aprile. La sua stella più brillante è Spica, di colore bianco azzurrastro, la quattordicesima in splendore di tutto il cielo, circa come la rossa Antares nello Scorpione. I suoi oggetti più caratteristici sono la galassia Sombrero (M104, *vedi* inserto, foto 22) così chiamata per il suo aspetto, e M87 (*vedi* inserto, foto 23), una galassia ellittica gigante che è anche una forte radiosorgente, caratteristica per un getto di gas che esce dal suo centro, e tipica rappresentante di una classe di galassie con nuclei attivi. M87 fa parte di un grande ammasso di galassie, detto appunto l'ammasso della Vergine (*vedi* inserto, foto 21). Si trova a 55 milioni di anniluce ed è il più vicino a noi, e quindi il meglio studiato degli ammassi di galassie.

La galassia Sombrero è una galassia spirale vista quasi perfettamente di taglio. Ha un grosso rigonfiamento centrale, tagliato da una fascia scura che segna il piano equatoriale della galassia, ricco di polveri che nascondono la luce delle stelle. Tutto l'insieme ricorda straordinariamente i cappelli messicani, i sombreri. Si trova alla periferia estrema dell'ammasso della Vergine e forse non ne fa nemmeno parte, essendo molto più vicina, a circa 35 milioni di anniluce.

M87 è una grande galassia ellittica, il membro dominante al centro dell'ammasso della Vergine. Se M87 e la Via Lattea fossero alla stessa distanza da noi, M87 apparirebbe circa quattro volte più brillante. La caratteristica principale di M87 è quella di essere anche una forte sorgente radio, nota come Virgo A, e circondata da un esteso alone di gas emittente raggi X, indicante una temperatura di decine di milioni di gradi. Se un'astronave si trovasse immersa in questo alone, la temperatura che misurerebbe sarebbe quella del mezzo interstellare, prossima allo zero assoluto (-273 gradi centigradi). Infatti l'alone è formato da gas estremamente rarefatto e quella che chiamiamo temperatura è la misura della velocità di agitazione termica delle particelle. Qualcosa di analogo avviene con il nostro Sole. La corona solare ha una temperatura di 1 milione di gradi, quale è indicata dall'energia delle particelle, ma la corona è molto rarefatta e trasparente. Un termometro immerso nella corona misurerebbe quella che è la temperatura vicino alla superficie densa e opaca del Sole, pari a circa 6.000 gradi. Se la corona fosse densa e opaca come la superficie del Sole, la vita sulla Terra non potrebbe esistere.

Dai moti degli ammassi globulari che circondano il nucleo di M87 e dalla distribuzione del gas dell'alone si può dedurre la presenza di materia oscura, che fa sentire la sua presenza grazie all'attrazione gravitazionale, ma che non emette nessun tipo di radiazione, e per ora non sappiamo di cosa si tratti; si suppone siano particelle elementari forse ancora sconosciute.

La caratteristica più vistosa di M87 è il getto di gas uscente dal suo nucleo, esteso più di 8.000 anniluce ed emittente sia luce azzurrastra sia onde radio e raggi X. Essa rappresenta l'esempio più bello e meglio studiato della classe di «Nuclei galattici attivi», per brevità indicati dall'acronimo AGN dal termine inglese Active Galactic Nuclei.

Si ritiene che questi getti abbiano un ruolo fondamentale nel trasportare energia dal nucleo centrale, forse contenente un buco nero, verso l'esterno fino ai lobi radioemittenti osservati in molti casi. Il buco nero fornisce un modo efficiente per trasformare l'energia gravitazionale in energia raggiante, grazie alla cattura di materia orbitante attorno a esso, che per attrito si riscalda a temperature di milioni di gradi. Il getto contiene tutta una serie di noduli più o meno densi, come se l'emissione avvenisse non in maniera continua ma a intervalli. La massa totale di M87 è circa 1.000 miliardi di masse solari, mentre dai moti delle stelle in vicinanza del centro si deduce una concentrazione di materia di circa 3 miliardi di masse solari ed è molto probabile che si tratti di un buco nero straordinariamente massiccio.

L'ammasso della Vergine presenta due principali concentrazioni di galassie: una con al centro M87 e l'altra con al centro M49, un'altra grande galassia ellittica, più luminosa di M87, ma di massa molto inferiore.

Nello spazio intergalattico dell'ammasso sono state scoperte anche nebulose planetarie e giganti rosse non legate a una particolare galassia, che rappresentano un inaspettato tipo di popolazione dell'ammasso.

Oltre alla dominante emissione di raggi X da parte di M87, tutto l'ammasso è avvolto da un esteso alone emittente debolmente raggi X.

La massa totale necessaria per tenere legato l'alone gassoso è pari ad almeno 100.000 miliardi di soli, di cui soltanto il 4 per cento è concentrato nelle galassie, il 14 per cento nel gas diffuso, e il rimanente 82 per cento dovrebbe essere materia oscura.

Virgo è stato battezzato anche un «telescopio gravitazionale», ossia uno strumento per misurare direttamente le onde gravitazionali con una sensibilità tale che dovrebbe essere in grado di rivelare onde prodotte, per esempio, dal fondersi di una stella di neutroni o di un buco nero con una compagna, o dall'esplosione di una supernova in qualche galassia dell'omonimo ammasso. Vediamo di cosa si tratta e il perché del nome.

Lo scopo di Virgo è misurare le onde gravitazionali, la realtà delle quali è stata provata in modo indiretto, ma che ancora non sono mai state misurate direttamente.

L'esistenza delle onde gravitazionali fu postulata da Einstein nella sua teoria della relatività generale. Come una carica in moto accelerato genera onde elettromagnetiche che si propagano nel vuoto alla velocità della luce, di 300.000 km/sec, così una massa in moto accelerato o una variazione di massa genererebbe onde gravitazionali, che si possono visualizzare come increspature dello spaziotempo propagantesi alla velocità della luce. La teoria della gravitazione sviluppata da Einstein fra il 1907 e il 1915 si basa sull'assunzione che la materia interagisce con la metrica dello spaziotempo. In altre parole, la presenza di una massa in un dato luogo e in un dato momento modifica la struttura dello spaziotempo il quale si curva in prossimità di una massa ed è piano nei grandi spazi interstellari. Per esempio, la presenza del Sole crea come un imbuto nello spazio piano ed è questo imbuto che costringe i pianeti a orbitare attorno al Sole. Una sintetica descrizione di questa teoria della gravitazione è data dal fisico americano J.A. Wheeler: «La materia dice allo spaziotempo come curvarsi e lo spaziotempo dice alla materia come muoversi».

La gravitazione è una forza sempre attrattiva, che non può essere schermata e che ha un raggio d'azione illimitato; essa perciò è la forza dominante sul comportamento della materia a grande scala, malgrado la sua estrema debolezza. Infatti a scala atomica è del tutto trascurabile: l'attrazione gravitazionale fra un elettrone e un protone è più debole dell'attrazione colombiana di un centesimo di miliardesimo di miliardesimo di miliardesimo di miliardesimo. La difficoltà di rivelare le onde gravitazionali è dunque dovuta alla loro debole intensità, paragonata a quella delle onde elettromagnetiche, aventi anch'esse un raggio d'azione illimitato, ma schermabili, soggette cioè ad assorbimento o diffusione da parte della materia.

La realtà dell'esistenza delle onde gravitazionali è stata finora provata solo in modo indiretto, dalle osservazioni fatte da Joe Taylor e dal suo dottorando Russell Hulse di una pulsar doppia (di cui abbiamo parlato nel paragrafo «Le stelle di neutroni o pulsar»). Secondo la teoria della relatività generale di Einstein, lo ricordiamo, masse che si muovono di moto non uniforme, come è il caso delle due pulsar che cambiano continuamente direzione e velocità, muovendosi nelle loro orbite ellittiche attorno al baricentro del sistema, dovrebbero emettere onde gravitazionali. La continua emissione di onde gravitazionali sottrae energia al sistema, causando una diminuzione dell'orbita e una conseguente diminuzione del periodo orbitale, che è di 7,75 ore; la teoria prevede una diminuzione di 75 milionesimi di secondo all'anno. Malgrado si tratti di una quantità così piccola, in un anno si può osservare un migliaio di periodi, e determinare con buona precisione anche minime variazioni. Taylor e Hulse trovarono una diminuzione del periodo di 76 milionesimi di secondo all'anno, con un errore in più o in meno di 2 milionesimi di secondo, dunque un valore in ottimo accordo con il valore teorico previsto. Di qui la conferma dell'esistenza delle onde gravitazionali, che nel 1993 valse il premio Nobel per la Fisica ai due ricercatori.

Ma come ottenere una misura diretta delle onde gravitazionali? Fra i vari tipi di strumentazioni proposte c'è Virgo, prodotto di una collaborazione italo-francese, collocato a Càscina, vicino a Pisa, e chiamato così perché dovrebbe essere in grado di rivelare anche onde gravitazionali prodotte nell'ammasso della Vergine.

La speranza è che, in una delle tante galassie osservabili circa nella stessa direzione, esploda una supernova, oppure che in una coppia formata da una stella normale o da una stella di neutroni e un buco nero, quest'ultimo inghiotta la compagna, provocando onde gravitazionali di intensità misurabile. Lo strumento si basa su una tecnica detta *interferometria laser*, che permette di misurare con estrema precisione minuscole variazioni di lunghezza prodotte dall'arrivo di onde gravitazionali, provenienti da corpi celesti. È costituito da due rami, perpendicolari fra loro e lunghi ciascuno 3 chilometri. La luce di un laser è divisa da uno specchio semiriflettente in due fasci che viaggiano lungo i due rami riflessi da specchi avanti e indietro, fino a percorrere 120 chilometri ciascuno e interferire fra loro. Una minima variazione nel percorso di uno dei fasci produrrà una modifica nella figura di interferenza.

I due rami attraverso cui passano i due fasci laser sono costituiti da due tubi, ciascuno di lunghezza di 3 chilometri e diametro di 1,2 metri, in cui è stato praticato il vuoto. Un'onda gravitazionale in arrivo che colpisce gli specchi può produrre una va-

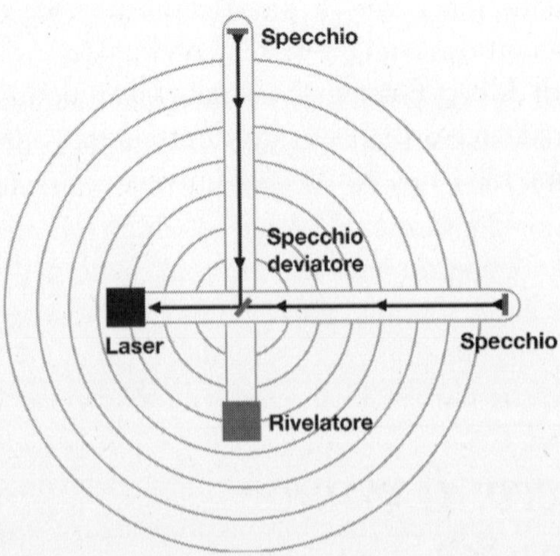

Figura 73. Schema del funzionamento dell'interferometro.

riazione in lunghezza di cammino ottico fra i due fasci e quindi una modifica della figura di interferenza. La sensibilità dello strumento è tale da essere in grado di misurare differenze di cammino ottico dell'ordine di un nucleo atomico.

Tutto il sistema deve essere perfettamente isolato dall'ambiente esterno, perché anche il passaggio di una macchina a molti chilometri di distanza produrrebbe perturbazioni assai più intense di quelle che vogliamo misurare. Una garanzia che eventuali perturbazioni siano proprio di origine celeste la si potrà ottenere quando Virgo e altre strumentazioni simili, situate in altri luoghi sulla Terra, riveleranno simultaneamente l'arrivo di un segnale.

Attualmente oltre a Virgo sono operanti negli Stati Uniti, uno nello Stato di Washington e uno in Louisiana, altri due interferometri chiamati LIGO, con bracci lunghi 4 chilometri. Il giorno in cui questi tre interferometri e altri ancora in costruzione potranno annunciare di avere ricevuto simultaneamente un segnale dallo spazio sarà un grande avvenimento per tutta la comunità scientifica e un'ulteriore conferma delle straordinarie intuizioni di Albert Einstein. Sarà nata l'astronomia gravitazionale, in grado forse di osservare direttamente quell'istante che chiamiamo big bang, l'inizio dell'universo osservabile.

IL MITO

Il chicco di grano che muore e rinasce

Sull'identificazione della Vergine non ci sono dubbi: in Mesopotamia, in Egitto e in Grecia, questa figura celeste rappresenta la Grande Madre, la signora della vegetazione, della fertilità, dei raccolti e della natura tutta nelle sue differenti espressioni. E, cosa abbastanza rara, i diversi miti che la riguardano sono praticamente sovrapponibili, sebbene provengano da culture diverse. In sostanza, le dee che si nascondono dietro la Vergine interpretano e spiegano i mutamenti della natura nel succedersi delle stagioni. Il cuore della vicenda è simile in ognuna delle storie e ricorda da vicino il mito di Orfeo ed Euridice: la dea scende nell'Oltretomba (inverno) alla ricerca dell'amato e torna nel mondo dei vivi (primavera) riportando la fertilità sulla Terra.

Il più simile al mito greco è quello sumero che narra della discesa agli Inferi della dea Inanna (l'Ishtar dei Babilonesi), che ci è pervenuto in varie versioni ritrovate anche nella biblioteca di Assurbanipal, a Ninive. Le tavolette incise in caratteri cuneiformi raccontano che Ishtar, la dea dell'amore libero e della guerra, disperata per la morte dell'amato Tammuz, decise di scendere nel regno dei morti, governato da sua sorella Ereshkigal, per tentare di riportare il suo innamorato nel mondo dei vivi. Durante la discesa agli Inferi la dea dovette superare sette porte e davanti a ciascuna fu costretta a lasciare l'uno dopo l'altro i suoi ornamenti, il manto e persino il reggiseno; col risultato di arrivare nuda davanti alla sorella la quale, anziché restituirle l'amato, la fece appendere a un gancio come un animale morto e le buttò addosso sessanta malattie.

Uno dei testi cuneiformi racconta come la prigionia della dea dell'amore nell'Oltretomba fermò il mondo di sopra: «Ecco che nessun toro montava più una vacca, nessun asino fecondava più un'asina, nessun uomo ingravidava più una donna, a suo piacimento; ciascuno dormiva solo nella sua stanza e ciascuno si coricava da una parte». Una situazione che suscitò grande preoccupazione tra gli dèi finché Ea, l'astuto signore delle acque dol-

Figura 74. La Vergine ha origine dalla Grande Madre, simbolo della natura che muore e rinasce seguendo il ritmo delle stagioni.

ci sotterranee, intervenne per far liberare Ishtar in modo che la vita potesse riprendere il suo corso. Ma affinché Ishtar e Tammuz fossero rilasciati, un'altra creatura umana doveva essere consegnata agli Inferi al loro posto e per questo Ea creò un bellissimo giovane effeminato da consegnare alla terribile Ereshkigal, che non poté rifiutare lo scambio.

La dea dell'amore, staccata dalla catena e rianimata con l'acqua della vita che le tolse tutti i mali, fu di nuovo libera; ma il rilascio dell'amante era legato a un'altra condizione: Tammuz avrebbe potuto lasciare il Paese-senza-ritorno per sei mesi, poi sarebbe dovuto tornare sottoterra in attesa di essere nuovamente liberato da Ishtar; così per sempre, in un eterno susseguirsi di morti e rinascite scandito dal ritmo delle stagioni.

Il simbolismo astronomico-agricolo evocato dal mito è chiaro: Ishtar (la Grande Madre) si unisce a Tammuz, dio della rinascita della natura (il Sole) e la Terra si copre di pascoli verdi che assicurano la vita degli animali e degli uomini; ma proprio quando la terribile calura estiva sembra sul punto di uccidere la natura, il Sole comincia a morire e (in dicembre) scompare per mesi nel mondo degli Inferi con la sua amante (i semi interrati), quindi riemerge dall'Oltretomba a giugno, mese intitolato a Tammuz, riportando la vita sulla Terra.

La discesa di Ishtar agli Inferi fu uno dei racconti più popolari della Mesopotamia ma, col passare dei secoli, la Grande Madre fu sempre più identificata con il suo aspetto di dea dell'amore, e i suoi innumerevoli partner le valsero la nomea di colei che non poteva essere soddisfatta neppure da centoventi amanti. Questo sembra spiegare anche la sua identificazione con il pianeta Venere.

Ed eccoci al mito greco interpretato da Demetra, dea del frumento, e da sua figlia Proserpina. La storia racconta che Proserpina stava raccogliendo fiori nei campi attorno a Enna, in Sicilia, quando da una spaccatura nel terreno balzò fuori un cocchio tirato da quattro cavalli neri guidati da suo zio Plutone, dio dell'Oltretomba, che la rapì per farne sua moglie e regina degli Inferi. Il rapimento era stato concordato da Plutone e Giove e per questo la ragazza, pur spaventata e per niente soddisfatta, dovette accettare il suo nuovo status di signora del regno dei morti.

Demetra, sconvolta per la scomparsa della figlia, percorse il mondo in lungo e in largo nella speranza di rintracciarla e chiese persino alle stelle se avevano visto qualcosa che potesse aiutarla a ritrovarla; ma inutilmente, perché il rapimento era avvenuto di giorno e non di notte, quando le stelle presidiano il cielo.

Passarono settimane e mesi e Demetra, disperata, lasciò che i campi diventassero sterili e un durissimo inverno devastasse le campagne della Sicilia; poi si rivolse a Elio, il Sole, per sapere che cosa aveva visto dall'alto del cielo; l'astro raccontò quello che era accaduto nei campi vicino a Enna.

Scoperto cos'era successo, Demetra andò da Giove minacciando di far morire la natura tutta se non avesse provveduto a farle restituire la figlia. Giove, già preoccupato per come andavano le cose nelle campagne siciliane, acconsentì e ordinò a Plutone di rimandare la ragazza dalla madre. Il dio degli Inferi finse di accogliere la richiesta, ma offrì un frutto di melograno a Proserpina sapendo bene che se l'avesse mangiato sarebbe stata prigioniera degli Inferi in eterno, e neppure il sommo Giove avrebbe potuto cambiare questo destino. Proserpina, ignara di tutto, accettò il frutto ma mangiò soltanto sei semi; pochi, ma sufficienti a impedirle di lasciare il mondo dei morti.

La situazione pareva senza sbocco, ma davanti all'ira di Demetra che minacciava di annientare il mondo, gli dèi trovarono un compromesso grazie al fatto che la fanciulla non aveva mangiato un frutto intero. Per questo fu stabilito che Proserpina avrebbe vissuto sei mesi sottoterra con il marito Plutone e sei mesi sulla Terra con la madre Demetra; proprio come un seme che ha bisogno di passare mesi sottoterra prima di germogliare. Così per sempre.

Il mito egizio ha caratteristiche diverse, ma il senso ultimo rinvia ugualmente al ciclo annuale della morte e della rinascita della vegetazione. All'inizio dei tempi, raccontavano i sacerdoti egizi,

Osiride, dio della vegetazione, dovette lottare contro il suo malvagio fratello Seth, che lo sconfisse e lo tagliò in tredici parti disperdendole in tutto l'Egitto. Iside, sorella-sposa di Osiride, andò alla ricerca del marito e ne ritrovò i pezzi con i quali provò a ricomporre il corpo; si accorse però che mancavano i genitali. Allora la dea si mise di nuovo in cerca e, quando ebbe trovato la parte mancante, completò il corpo del dio al quale riuscì a restituire anche l'energia vitale, tanto da poter concepire con lui il figlio Horus.

In diverse tombe egizie sono stati rinvenuti piccoli vassoi, detti «Osiride vegetante», sagomati in modo da imitare la silhouette del dio, che venivano riempiti di terra umida e semi di grano che, germogliando, evocavano il ritorno annuale del dio della vegetazione e, nello stesso tempo, la speranza di una rinascita a nuova vita dei defunti.

Questo rituale di probabile origine neolitica ha attraversato il tempo ed è passato anche nel mondo cristiano, che festeggiava la Pasqua con una cerimonia arcaica decisamente suggestiva, tutt'oggi celebrata in alcune regioni italiane.

Diversi decenni fa, quando il rituale era ancora molto sentito, i preparativi cominciavano nei giorni della Quaresima e ognuno poteva partecipare alla resurrezione di Cristo seminando una manciata di grano in un piatto da minestra pieno di bambagia bagnata. Il piatto così seminato andava poi riposto in un sottoscala o in uno sgabuzzino buio dove, per l'assenza di luce, i semi germogliavano con filamenti lunghi e bianchissimi. Dopo giorni e giorni di impazienza per la misteriosa metamorfosi in atto, la sera della vigilia di Pasqua i bambini avevano il permesso di entrare, titubanti, nella buia cella della trasmutazione per scoprire stupefatti il grano resuscitato. A quel punto la festa si concludeva in chiesa, dove i piccoli lasciavano davanti all'altare i loro piatti vegetanti. E pareva davvero un miracolo.

Quel grano simbolo di vita è presente nella costellazione della Vergine che, negli atlanti stellari, è raffigurata come una ragazza alata con in mano alcune spighe; è vista di spalle come se stesse andando a seppellirlo per farlo rinascere.

Che cosa succederà nel 2012: nulla!

Il fatto che per millenni il cielo sia stato considerato lo specchio in cui guardare per scoprire quello che sarebbe potuto capitare sulla Terra, oggi fa sorridere e ci conferma nella convinzione d'esserci liberati per sempre da simili irrazionalità. Le cose non stanno affatto così, anzi. L'irrazionalità affiora con una frequenza sorprendente anche ai giorni nostri e, nella perenne attesa dell'Apocalisse annunciata da profeti fuori di testa, filmacci hollywoodiani e spacciatori d'ansie collettive, ancora una volta è il cielo con i suoi cicli temporali a proporci la catastrofe di turno.

Questa volta sarebbe il calendario dei Maya a preparare il gran finale per il 21 dicembre 2012. In questi ultimi mesi la presunta previsione è diventata un fenomeno mediatico e anche i più distratti sanno ormai che per quella data, dedotta da un antico calendario, i Maya avrebbero profetizzato una qualche catastrofe cosmica indotta da cause di tipo astronomico.

Ma cosa significava in realtà per i Maya la data corrispondente al nostro 21 dicembre 2012? A quale fenomeno astronomico si collegava? E, soprattutto, cosa profetizzarono i Maya a questo proposito?

Per capirlo, dobbiamo riassumere brevemente il funzionamento di diversi cicli calendariali usati dai Maya e dalle altre genti della Mesoamerica. Tutti i popoli di quell'area geografico-culturale comprendente gli attuali Messico, Belize, Guatemala e parti di Honduras, Salvador e Costarica, utilizzarono due diversi calendari: uno divinatorio, di 260 giorni, costituito dall'associazione tra 13 coefficienti numerici e 20 nomi di giorni; e un al-

Figura 75. La cosiddetta profezia maya della fine del mondo non ha alcun riscontro storico-archeologico. Si tratta di una pura leggenda metropolitana enfatizzata dagli spacciatori di misteri televisivi e non. (Illustrazione di Renato De Pretto.)

tro solare, di 360 più 5 giorni, costituito dall'associazione tra 20 coefficienti numerici e 18 nomi di mesi.

L'uso congiunto di questi due calendari di diversa lunghezza, che iniziavano lo stesso giorno, faceva sì che la combinazione di partenza si ripresentava solo dopo 52 anni; periodo temporale che costituiva una sorta di «secolo» mesoamericano.

Oltre a questi, i Maya utilizzarono un terzo calendario ciclico di ampiezza maggiore, visto che il suo ciclo durava ben 5.125,36 anni. Questo calendario, che cadde in disuso all'inizio del X secolo, è detto Conto Lungo e contava il tempo trascorso da una mitica data iniziale corrispondente all'11 agosto 3114 a.C. (di quasi due millenni più antica di qualsiasi evidenza archeologica della cultura maya), descritta come il giorno in cui il dio del Mais fu protagonista di un evento creativo che dette il via all'era cosmica attuale (*vedi* il paragrafo «La strada bianca che attraversa il cielo»).

Per contare il tempo trascorso da quella data, i Maya utilizza-

Figura 76. Antichi astronomi cercano tra le stelle le cause delle sciagure terrestri. L'idea che la fine del mondo sarebbe arrivata dal cielo era diffusa presso molti popoli dell'antichità.

vano cinque diversi periodi di tempo: *k'in* (1 giorno), *winal* (20 giorni), *tun* (1 anno di 360 giorni), *k'atun* (20 anni, cioè 7.200 giorni), *bak'tun* (400 anni, cioè 144.000 giorni). Per esempio, per indicare la data corrispondente al nostro 27 aprile 752 d.C., i Maya avrebbero scritto che erano trascorsi 9 *bak'tun*, 16 *k'atun*, 1 *tun*, 0 *winal* e 0 *k'in* dalla mitica data di partenza e che quel giorno era il giorno 11 Ajaw del calendario divinatorio e il giorno 8 Tzek del calendario solare. Secondo la convenzione oggi in uso tra gli studiosi di culture mesoamericane, tale data si scrive 9.16.1.0.0 11 Ajaw 8 Tzek.

In base a questo sistema, la data iniziale del Conto Lungo fu 13.0.0.0.0 4 Ajaw 8 K'umku, cioè il giorno conclusivo di un ciclo totale di 13 *bak'tun*, mentre il giorno successivo ebbe inizio il conto dei giorni della presente era cosmica che si concluderà il 21 dicembre 2012, quando la data tornerà a essere 13.0.0.0.0, cioè nel momento in cui saranno trascorsi esattamente 13 *bak'tun* dalla data della creazione.

La data, di per sé, non ha alcun riferimento astronomico ed è in realtà un puro risultato della meccanica calendariale. In sostanza, ciò che succederà quel giorno sarà il completamento di una serie di cicli calendariali che porterà a zero diversi dei coefficienti numerici usati nell'espressione delle date del Conto Lungo, esattamente la stessa cosa avvenuta nel nostro calendario il 1° gennaio dell'anno 1000 o del 2000, giorni chiave della nostra meccanica calendariale, ma privi di qualsiasi significato astronomico.

Ma che cosa profetizzarono i Maya a proposito di quel giorno futuro? In una parola: niente! Se i monumenti che citano la data 13.0.0.0.0 della creazione sono diversi, solo uno, il Monumento 6 del sito di Tortuguero, datato al 670 d.C., menziona la futura data 13.0.0.0.0, corrispondente cioè al nostro 21 dicembre 2012. Purtroppo per i cultori del mistero, l'iscrizione afferma soltanto che, trascorso un certo numero di giorni dalla data di inaugurazione di quel monumento, sarà il giorno 13.0.0.0.0, e non spende una sola parola su ciò che accadrà in quella data.

Figura 77. Xilografia tedesca del 1628 in cui si vede un uomo ucciso da un meteorite; questi eventi alimentavano la paura che il cielo potesse cadere.

Contrariamente a quanto si sente spesso affermare, non esiste quindi alcuna profezia maya relativa al fatidico giorno di fine ciclo.

Ci sono inoltre buoni motivi per ritenere che la data corrispondente al 21 dicembre 2012 non fosse affatto associata alla fine del mondo; esistono infatti monumenti maya che contengono date che si estendono per milioni di anni nel passato e nel futuro: la stele 1 di Cobà, per esempio, menziona la data della creazione inscrivendola nell'ambito di un ciclo di oltre un quintilione di anni, evidente testimonianza del fatto che il ciclo dei 13 *bak'tun* che si concluderà nel 2012 non fosse considerato come un ciclo unico e irripetibile, ma come uno dei tanti cicli che si susseguivano nella storia del mondo.

Possiamo immaginare che i Maya, vista l'attenzione che ponevano alla celebrazione della conclusione di cicli calendariali ben più brevi, certamente avrebbero atteso il 13.0.0.0.0 con una certa eccitazione e lo avrebbero celebrato con grandi feste e sacrifici (come d'altro canto facciamo noi a ogni fine anno, fine secolo, fine millennio), forse identificandolo con un importante momento transizionale nel susseguirsi delle ere cosmiche.

Ma questo non deve preoccuparci, dato che in tema di eventi futuri i Maya non dovevano essere degli esperti: il fatto che sui loro monumenti menzionassero date distanti milioni di anni non implica che ne sapessero qualcosa. Di certo, riguardo alla fine del mondo non ne sapevano più di noi. Cioè nulla.

Ringraziamenti

Al termine di questo lavoro desidero ringraziare: Renato De Pretto, raffinato illustratore del *Corriere della Sera*, che ha gentilmente concesso l'autorizzazione alla pubblicazione di alcuni suoi disegni. Davide Domenici, archeologo, specialista in civiltà indigene mesoamericane, per avermi guidato nel complesso mondo maya e azteco. Gli assiriologi Frederick Mario Fales e Giovanni Pettinato, l'archeoastronomo Giuliano Romano e lo storico della scienza Lucio Russo, ai lavori dei quali ho ampiamente attinto.

Lo staff della Sperling & Kupfer: Antonella Bonamici, Laura Casalin, Mariarosa Milesi, Enrico Racca, Carlo Vismara e Francesca Moratti; a quest'ultima, oltre che per il lavoro redazionale, un grazie per avermi convinto ad accettare la proposta della casa editrice di realizzare questo libro.

VIVIANO DOMENICI

Da parte mia, un ringraziamento ad Antonella Bonamici e alla redazione della Sperling & Kupfer.

MARGHERITA HACK

Le costellazioni

L'International Astronomical Union divide il cielo in 88 costellazioni ufficiali con confini precisi, di modo che ogni punto della sfera celeste appartenga a una sola costellazione.

Sulla base della loro posizione nel cielo, le 88 costellazioni si dividono in tre gruppi:

- 18 costellazioni boreali (emisfero settentrionale);
- 34 costellazioni equatoriali;
- 36 costellazioni australi (emisfero meridionale).

A seconda poi del periodo storico nel quale sono state individuate, si distinguono convenzionalmente altri tre gruppi:

- le 12 costellazioni dello Zodiaco, che si trovano lungo l'eclittica, denominate dai Greci attorno al I secolo d.C.;
- le 36 costellazioni elencate, nel II secolo d.C., da Tolomeo nella sua opera *Almagesto*, che servì da riferimento per lo studio del sistema astronomico fino a Copernico; le costellazioni di Tolomeo sono diventate 38 con la suddivisione di una di esse (la Nave Argo) in tre costellazioni distinte (Carena, Poppa e le Vele);
- le 38 costellazioni definite in epoca moderna (a partire dal 1600 circa), che si trovano soprattutto nell'emisfero meridionale.

Nelle tabelle che seguono, la lettera Z indica le costellazioni dello Zodiaco, la T quelle di Tolomeo, la M quelle di epoca moderna.

COSTELLAZIONI BOREALI		
NOME ITALIANO	NOME LATINO	
Andromeda	*Andromeda*	T
Auriga	*Auriga*	T
Cani da Caccia	*Canes Venatici*	M
Cassiopea	*Cassiopeia*	T
Cefeo	*Cepheus*	T
Cigno	*Cygnus*	T
Corona Boreale	*Corona Borealis*	T
Dragone	*Draco*	T
Ercole	*Hercules*	T
Giraffa	*Camelopardalis*	M
Leone Minore	*Leo Minor*	M
Lince	*Lynx*	M
Lira	*Lyra*	T
Lucertola	*Lacerta*	M
Orsa Maggiore	*Ursa Maior*	T
Orsa Minore	*Ursa Minor*	T
Perseo	*Perseus*	T
Triangolo	*Triangulum*	T

COSTELLAZIONI EQUATORIALI		
NOME ITALIANO	NOME LATINO	
Acquario	*Aquarius*	Z
Aquila	*Aquila*	T
Ariete	*Aries*	Z
Balena	*Cetus*	T
Bilancia	*Libra*	Z
Boote	*Bootes*	T
Cancro	*Cancer*	Z
Cane Maggiore	*Canis Maior*	T
Cane Minore	*Canis Minor*	T
Capricorno	*Capricornus*	Z

Cavallino	*Equuleus*	T
Chioma di Berenice	*Coma Berenices*	M
Corvo	*Corvus*	T
Cratere	*Crater*	T
Delfino	*Delphinus*	T
Eridano	*Eridanus*	T
Freccia	*Sagitta*	T
Gemelli	*Gemini*	Z
Idra	*Hydra*	T
Leone	*Leo*	Z
Lepre	*Lepus*	T
Ofiuco	*Ophiuchus*	T
Orione	*Orion*	T
Pegaso	*Pegasus*	T
Pesci	*Pisces*	Z
Sagittario	*Sagittarium*	Z
Scorpione	*Scorpius*	Z
Scudo	*Scutum*	M
Serpente	*Serpens*	T
Sestante	*Sextans*	M
Toro	*Taurus*	Z
Unicorno	*Monoceros*	M
Vergine	*Virgo*	Z
Volpetta	*Vulpecula*	M

COSTELLAZIONI AUSTRALI

NOME ITALIANO	NOME LATINO	
Altare	*Ara*	T
Bulino	*Caelum*	M
Bussola	*Pyxis*	M
Camaleonte	*Chamaeleon*	M
Carena	*Carina*	T
Centauro	*Centaurus*	T
Colomba	*Columba*	M
Compasso	*Circinus*	M

Corona Australe	*Corona Australis*	T
Croce del Sud	*Crux*	M
Dorado	*Dorado*	M
Fenice	*Phoenix*	M
Fornace	*Fornax*	M
Gru	*Grus*	M
Idra Maschio	*Hydrus*	M
Indiano	*Indus*	M
Lupo	*Lupus*	T
Macchina Pneumatica	*Antlia*	M
Mensa	*Mensa*	M
Microscopio	*Microscopium*	M
Mosca	*Musca*	M
Orologio	*Horologium*	M
Ottante	*Octans*	M
Pavone	*Pavo*	M
Pesce Australe	*Piscis Austrinus*	T
Pesce Volante	*Volans*	M
Pittore	*Pictor*	M
Poppa	*Puppis*	T
Regolo	*Norma*	M
Reticolo	*Reticulum*	M
Scultore	*Sculptor*	M
Telescopio	*Telescopium*	M
Triangolo Australe	*Triangulum Australe*	M
Tucano	*Tucana*	M
Uccello del Paradiso	*Apus*	M
Vele	*Vela*	T

Bibliografia storico-mitologica

AVENI, ANTHONY, *Skywatchers of Ancient Mexico*, University of Texas Press, Austin 2001.

BARROW, JOHN D., *L'universo come opera d'arte*, Rizzoli, Milano 1995.

BELLINATI, CLAUDIO, *Giotto e la cometa nell'Adorazione dei Magi*, MP, Castelfranco Veneto 1985.

BLACK, JEREMY e GREEN, ANTHONY, *Gods, Demons, and Symbols of Ancient Mesopotamia. An Illustrated Dictionary*, University of Texas Press, Austin 2000.

BLACKER, CARMEN e LOEWE, MICHAEL, *Antiche cosmologie*, Ubaldini Editore, Roma 1978.

CAPPONI, PAOLA, *I nomi di Orione. Le parole dell'astronomia tra scienza e tradizione*, Marsilio, Venezia 2009.

CASTELLINO, GIORGIO R., *Testi sumerici e accadici*, Utet, Torino 1977.

CATTABIANI, ALFREDO, *Planetario. Simboli, miti e misteri di astri, pianeti e costellazioni*, Mondadori, Milano 2001.

CLARKE, ROBERT, *La nascita dell'uomo*, Rusconi, Milano 1980.

CORNELL, JAMES, *I primi osservatori. Alle origini dell'astronomia*, Feltrinelli, Milano 1983.

COSSARD, GUIDO, *Cieli perduti. Archeoastronomia: Le stelle degli antichi*, Utet, Torino 2010.

CRESCI, LUCIANO, *Le stelle celebri. Itinerari poetici, mitici, curiosi nel cielo stellato*, Hoepli, Milano 2005.

ELIADE, MIRCEA, *Cosmologia e alchimia babilonesi*, Sansoni, Firenze 1992.

FALES, FREDERICK MARIO, *L'impero assiro*, Laterza, Bari 2001.

—, *Lettere dalla corte assira*, Marsilio, Venezia 1992.

—, «Imperial Administrative Records, part 1: Palace and Temple Administration», in *State Archivies of Assyria*, vol. VII, Helsinki University Press, Helsinki 1992.

FLAMMARION, CAMILLE, *La storia del cielo*, Sonzogno, Milano 1941.
—, *L'astronomia popolare*, Sonzogno, Milano 1939.
—, *Le stelle e le curiosità del cielo*, Sonzogno, Milano 1911.
GALLO, CARLO, *L'astronomia egizia. Dalle scoperte archeologiche alla misurazione del tempo*, Muzzio, Padova 1998.
GRAVES, ROBERT, *I miti greci*, Longanesi, Milano 1983.
GRAZI, GIULIA, *Il battista della Croce (del Sud). Omaggio a Andrea Corsali*, Stampato in proprio, Ponte a Elsa, Firenze.
KYRALA, GEORGE A., «Speculations on Babylonian Telescopes, Planetary Distances and Sizes», in *Sumer. A Journal of archaeology and History in Iraq*, vol. XXVIII, Iraq 1972.
LEHNER, ERNEST e JOHANNA, *Astrology and Astronomy. A Pictorial Archive of Signs and Symbols*, Dover Publications Inc., New York 1992.
LO SARDO, EUGENIO, *Il cosmo degli antichi. Immagini e visioni dell'universo dal mondo mitico al Rinascimento*, Donzelli, Roma 2007.
MILBRATH, SUSAN, *Star Gods of the Maya*, University of Texas Press, Austin 2000.
MORETTA, ANGELO, *I miti delle antiche civiltà messicane*, Longanesi, Milano 1984.
PETTINATO, GIOVANNI (a cura di), *Mitologia sumerica*, Utet, Torino 2001.
—, *La scrittura celeste. La nascita dell'astrologia in Mesopotamia*, Mondadori, Milano 1998.
PROVERBIO, EDOARDO, *Archeoastronomia. Alla ricerca delle radici dell'astronomia preistorica*, Teti, Milano 1989.
RACHEWILTZ (DE), BORIS, *Egitto magico religioso*, Edizioni della Terra di Mezzo, Milano 2008.
RIDPATH, IAN, *Mitologia delle costellazioni*, Muzzio, Padova 1988.
ROMANO, GIULIANO, *I Maya e il cielo. Astronomia, cosmologia e matematica maya*, Cleup, Padova 1999.
—, *Mio padre è il cielo. Segni dell'antica astronomia nord americana*, Cleup, Padova 1998.

—, *Archeoastronomia italiana*, Cleup, Padova 1992.
RUSSO, LUCIO, *La rivoluzione dimenticata. Il pensiero scientifico greco e la scienza moderna*, Feltrinelli, Milano 2003.
SCHAEFER, BRADLEY E., «L'origine delle costellazioni greche», in *Le Scienze*, n. 462, febbraio 2007.
TAUBE, KARL, *Miti aztechi e maya*, Mondadori, Milano 1993.
VERNANT, JEAN-PIERRE, *L'universo, gli dèi, gli uomini. Il racconto del mito*, Einaudi, Torino 2000.
WHITE, GAVIN, *Babylonian Star-lore. An Illustrated Guide to the Star-lore and Constellations of Ancient Babylonia*, Solaria Publications, Londra 2008.

Referenze iconografiche

I numeri si riferiscono alle figure nel testo.

AA.VV., *Mythology Pictures*, Pepin Press, Amsterdam 2006: 42, 60.

APPLETON, LEROY H., *American Indian Design and Decoration*, Dover, New York 1971: 3, 37.

AURIGEMMA, LUIGI, *Il segno zodiacale dello Scorpione nelle tradizioni occidentali dall'antichità greco-latina al Rinascimento*, Einaudi, Torino 1976: 40.

Australian Workers Magazine, Sydney: 34.

BLACK, JEREMY e GREEN, ANTHONY, *Gods, Demons and Symbols of Ancient Mesopotamia. An Illustrated Dictionary*, University of Texas Press, Austin 2000: 16, 18, 22, 49.

CATTABIANI, ALFREDO, *Planetario. Simboli, miti e misteri di astri, pianeti e costellazioni*, Mondadori, Milano 2001: 43.

CORNELL, JAMES, *I primi osservatori. Alle origini dell'astronomia*, Feltrinelli, Milano 1983: 8, 9 (in basso), 13.

Corriere della Sera: 9 (in alto), 45, 62, 64, 71, 75.

CRAVERI, MICHELA (a cura di), *Miti e leggende del Popol Vuh*, Bompiani, Milano 1998: 51.

DOMENICI, VIVIANO, *Dinosauri, piramidi e tribù*, Einaudi, Torino 1999: 41.

FLAMMARION, CAMILLE, *Le stelle e le curiosità del cielo*, Sonzogno, Milano 1911: 1, 12, 26, 27, 28 (a destra).

GALLO, CARLO, *L'astronomia egizia. Dalle scoperte archeologiche alla misurazione del tempo*, Muzzio, Padova 1998: 36 (in basso).

LEHNER, ERNEST e JOHANNA, *Astrology and Astronomy. A Pictorial Archive of Signs and Symbols*, Dover Publications Inc., New York 1992: 5, 6, 7, 10, 11, 15, 19, 21, 23, 24, 25, 28 (a sinistra), 29, 30, 32, 35, 36 (in alto), 39, 47, 50, 52, 54, 57, 58, 59, 61, 65, 68, 69, 70, 72, 74, 76, 77.

MORETTA, ANGELO, *I miti delle antiche civiltà messicane*, Longanesi, Milano 1984: 48.

MORLEY, SYLVANUS, BRAINERD, GEORGE, SHARER, ROBERT, *I Maya*, Editori Riuniti, Roma 1984: 44, 46.

PETTINATO, GIOVANNI, *La scrittura celeste - La nascita dell'astrologia in Mesopotamia*, Mondadori, Milano 1998: 2, 17, 20, 55.

RAMUSIO, GIOVANNI BATTISTA, *Navigazioni e viaggi*, vol. II, Einaudi, Torino 1979: 33.

ROMANO, GIULIANO, *Archeoastronomia italiana*, Cleup, Padova 1992: 63.

—, *Mio padre è il cielo. Segni dell'antica astronomia nord americana*, Cleup, Padova 1998: 14, 38.

—, *I Maya e il cielo. Astronomia, cosmologia e matematica maya*, Cleup, Padova 1999: 56.

webspace.utexas.edu: 66.

Finito di stampare nell'aprile 2011
presso la Mondadori Printing S.p.A.
Stabilimento N.S.M. di Cles (TN)
Printed in Italy